隈研吾
建筑设计作品全集

KENGO
KUMA
COMPLETE
WORKS

[日本] 隈研吾　　[英国] 肯尼思·弗兰姆普敦　　著

肖礼斌　译

江苏凤凰科学技术出版社

南京

江苏省版权局著作权合同登记：图字10-2021-12

Published by arrangement with Thames and Hudson Ltd, London
Kengo Kuma: Complete Works © 2012 and 2018 Thames & Hudson Ltd, London
Text © 2012 and 2018 Kengo Kuma
Introductory essay © 2012 and 2018 Kenneth Frampton
Designed by Claas Möller
This edition first published in China in 2021 by Tianjin Ifengspace Media Co., Ltd, Tianjin
Chinese edition © 2021 Tianjin Ifengspace Media Co., Ltd

图书在版编目（CIP）数据

隈研吾建筑设计作品全集 ／（日）隈研吾，（英）肯
尼思·弗兰姆普敦著；肖礼斌译. -- 南京 ：江苏凤凰
科学技术出版社，2021.6
　　ISBN 978-7-5713-1932-8

　　Ⅰ．①隈… Ⅱ．①隈… ②肯… ③肖… Ⅲ．①建筑设
计－作品集－日本－现代 Ⅳ．①TU206

　　中国版本图书馆CIP数据核字(2021)第095305号

隈研吾建筑设计作品全集

著　　者	[日本]隈研吾　　[英国]肯尼思·弗兰姆普敦	
译　　者	肖礼斌	
项 目 策 划	凤凰空间／张晓菲	
责 任 编 辑	赵　研　刘屹立	
特 约 编 辑	李雁超　靳思楠	

出 版 发 行	江苏凤凰科学技术出版社
出版社地址	南京市湖南路1号A楼，邮编：210009
出版社网址	http：//www.pspress.cn
总 经 销	天津凤凰空间文化传媒有限公司
总经销网址	http：//www.ifengspace.cn
印　　刷	广东省博罗县园洲勤达印务有限公司

开　　本	889 mm×1194 mm　1／16
印　　张	22
字　　数	176 000
版　　次	2021年6月第1版
印　　次	2021年6月第1次印刷

标 准 书 号	ISBN 978-7-5713-1932-8
定　　价	328.00元

图书如有印装质量问题，可随时向销售部调换（电话：022-87893668）。

KENGO
KUMA

前言

　　我现在对改变以城市为中心的文化结构最感兴趣。20世纪是一个工业时代，在这个时代里，一切物质产品、信息和文化都从城市流向地方村镇。同样，建筑也是从城市中心流向地方村镇的。混凝土、钢材和玻璃被运到了乡村，世界各地的建筑都用相同的材料以相同的细节建造。设计趋势也从大都市中心向外扩散。信息的流动遵循一种熟悉的模式：在纽约、伦敦或巴黎出现的趋势被传递到东京，几年或几十年后到达日本的村镇。建筑曾经是用本地出产的木、石、黏土和纸建造的，但是现在这些材料都被废弃了。曾经熟练使用这些材料的工匠们失去了生计，并且他们之后没有人再去掌握这门技能。这一过程使地方的经济和文化遭到破坏。

　　我相信，2011年3月11日席卷日本东北部地区的地震和海啸为恢复社会和文化的平衡提供了机会。日本东北部地区拥有丰富的自然资源，是许多能够熟练利用自然资源的工匠生活和工作的地方。但是我们看到的、被地震和海啸摧毁的东北部并不是我们熟悉的老东北部。它不再是工匠天堂，而是一排接一排由工厂制造的零件组装而成的预制居住单元，居住在这里的人们驾车去城市上班。这种类似于美国郊区的生活方式摧毁了该地区丰富而独特的文化。当我看到被海啸冲走的那些美式房屋和汽车时，诺亚的洪水浮现在我的脑海中。我们似乎都忽视或忘记了大自然可怕的力量，在我看来，地震和海啸都是大自然表达愤怒的方式。

　　位于日本最大岛屿本州的东北部地区，对我个人来说是特殊的地方。1986年，我开设了自己的事务所，但7年后经济泡沫的破裂引发了日本10年的经济衰退。在那10年里，我在东京没有得到设计任务。我的事务所通过在东北部和四国（日本四个主要岛屿之一，位于本州南面）设计小型的地方项目得以生存，这些地方属于日本最不发达和最贫困的地区。导致这种状况的一个原因是它们与东京距离较远，但另一个原因与地形有关。这两个地区基本上都是一群数不胜数的小山谷，陡峭的山峰一直绵延到海岸线，且没有大平原，地区之间彼此分割。地形阻碍了来自东京的中央文化的传播，东北部和四国在20世纪的发展落后于其他地区。然而，正是由于这些山谷，才使这些地区保留了丰富的、有地方特色的文化。

这种文化的丰富性和力量只有在吃了他们的饭、喝了他们的酒、与工匠们一起交谈并和他们一起做事之后才能体会到。在经济泡沫破裂后的10年里，我有机会学习这些小地方的丰富性。如果没有这10年的经历，我可能不会改变，也不会设计我现在正在设计的那种建筑。我不断地告诉学生，经济衰退是建筑师学习的最佳时机，项目没有多到排队等候是有可能发生的最幸运的事情之一。一个人往往会重复自己的过去，而很少尝试改变或企图从新时代的变化中学习。我从东北部和四国学到的最重要的一点是，关系使这个地方的文化更加丰富。一个地方之所以富有，不仅是因为它拥有美丽的自然环境，或是丰富的自然资源，或是许多熟练的工匠住在那里，而是因为在这里这些东西被联系在一起。从这个意义上说，富有的地方在日本曾经数不胜数。

德国建筑师布鲁诺·陶特认识到，日本建筑是一种关系的建筑，而不是形式的建筑。相反，他认为欧洲建筑是一种形式的建筑，欧洲建筑师，包括勒·柯布西耶，都是形式主义者。1933年纳粹掌权后，陶特逃离德国，乘西伯利亚铁路旅行，坐船横渡日本海，并于5月4日——他的生日——抵达敦贺，随后被日本建筑师带到京都参观桂离宫。陶特没有这个地方的背景知识，他停在篱笆前（这种篱笆被称为katsura-gaki），眼里充满了泪水，其他建筑师对他这种意想不到的反应感到惊讶。他们尊敬的这位设计过莱比锡钢铁工业馆（1913年）和科隆玻璃馆（1914年）的先锋派建筑师和现代主义运动领袖，突然在一座破旧的17世纪古老花园的竹篱笆前哭了起来。发生了什么事？

陶特后来写了一本书，名为《重新发现日本的美》（1939年），书中的许多篇幅写的都是这座宫殿。他解释说，从欧洲形式主义的角度来看，桂离宫的建筑只不过是破旧的小屋。事实上，当勒·柯布西耶在1955年访问这座宫殿时，他只评论说"有太多的线条"，这与陶特的反应正好相反。陶特在桂离宫的篱笆前发现的是他前所未见的"关系"。篱笆是用竹子做的，但是竹子没有被砍伐，没有离开土地，仍然扎根于土壤中的竹竿被弯曲并编织成篱笆。陶特以前从未见过这样的东西：它是建筑的而又是自然的，自然的而又是人工的。此外，这一奇迹的实现还要归功于当地工匠们令人惊异的技能。这里确实存在着一种关系，一种在地景及其自然资源和与自然共存的工匠之间建立起来的关系。如果只看作为结果的形式，那就只不过是些竹叶罢了。但是，陶特突然感动得流下了眼泪，因为他意识到这里有一种潜在的关系。

无数这样的关系也存在于东北部和四国。不同的树木会给每个山谷带来独特的纹理、色彩和芬芳（遗憾的是，这本书无法向读者传递任何这种芬芳的感觉）。芬芳在日本文化中扮演着重要的角色，传统上认为选择一棵树时，气味比外观更重要。当地的工匠们在充分利用山谷出产的丰富资源时，非常像母亲分娩。正是通过"分娩"（生产）活动，山谷与人类联系在一起。文化人类学家指出，这种关系——利用场地作为材料进行生产——是人类最重要的关系。一方面，父亲原则是普遍性和客观性，是按照一条规则主宰和统治世界的动力；另一方面，孩子反抗父亲，并以个人的主体性反对父亲，而母亲调解了父亲和孩子之间的这种对立关系。后结构主义哲学家（如雅克·德里达和茱莉亚·克里斯特瓦）指出，母亲的生产行为是场所（chora）概念的本质，柏拉图在他的苏格拉底式对话《蒂迈欧篇》（约公元前360年）的开头就说过这一点。世界上存在着普遍的原则，但与此同时，世界上也有一群数不胜数的异质场所。柏拉图指出，母亲的生产行为解决了这个看似矛盾的问题。他对场所的诠释与日本作为场所守护者的精神观念非常相似，这种信仰可以追溯到古代。通过持续生产，守护神拯救了世界，避免了父亲和孩子之间的对抗和分裂。新石器时代的许多地方都有类似的信仰和思想，柏拉图的概念据说是这些信仰和思想的延伸。

建筑是从一个地方生产一件东西的行为，它是由住在这个地方的人生产的。这种生产行为把地方和人联系在一起，这就是我在东北部和四国学到的伟大真理。那时我决定再次认真从事建筑业，从这个意义上说，东北部和四国是我的母亲——实际上，比我自己的母亲更像一位母亲。

隈研吾

目录

页图：音户町市民中心，
本广岛县吴市

隈研吾的反客体建筑

真正要紧的暧昧性，即赋予意义的矛盾性，把人类栖息地视为"文化世界"的认知有效性的真正基础，是"创造性"与"标准规范"之间的矛盾性。这两种观念泾渭分明，但两者都是——且必须持续地——存在于文化的复合观念中。

齐格蒙特·鲍曼，《作为实践的文化》[1]

在现在50多岁的这一代建筑师中，很难找到一个比隈研吾更典型的日本人，尽管他现在在日本以外的地方和在日本国内建造的房子似乎一样多。类似的说法曾经用于谈论安藤忠雄，他虽然只比隈研吾年长13岁，但是现在看起来属于完全不同的一代人。很大程度上，这反映在他们各自方法之间的互不相容，迥然不同。安藤总是用钢筋混凝土建造，而隈研吾认为这种材料本身就是一种诅咒。这种分裂可以追溯到隈研吾还是一名学生时对安藤忠雄设计的"住吉的长屋"（1976年）的负面反应。安藤忠雄在完成该项目的当年就获得了令人梦寐以求的日本建筑奖。隈研吾对这座混凝土房子内省性格的反应是精神生理性的（psycho-physiological），因为他觉得他会在它面前窒息。据说，他后来根据自己的出身来解释这种反应的强烈性，因为从很小的时候起，他就被培养欣赏那种生活在完全木制的房屋中的优点。因此，在他的论文《材料不是终点》（2004年）中，他写道：

> 我不知道是什么引起了这种反应。这可能与我在战前的日本木架住宅中出生和成长有关。这所房子作为周末农舍，最初是为我的祖父建造的，他是东京大井（Ohi）的医生。它很简单，通风良好。此外，我的祖父和父亲都非常憎恶铝窗框不人道的质地，以至于当房屋扩建或翻新时，只允许使用木质窗框，让气流流入。[2]

虽然，隈研吾在实践中从未回避使用混凝土，正如他在龟老山气象台（1994年）所做的那样，但是，他依然倾向于在作品中选择木材来发挥主要的表现作用，尽管底层结构可能由钢、混凝土或两者混合制成。具有讽刺意味的是，与这都无关，隈研吾作为成熟建筑师的偏见将启动矛盾的玻璃和水的组合，而不是"传统"的木材或"现代"的混凝土，当然，很难想象一种比普遍使用的大面积无框平板玻璃更为典型的现代材料。正如隈研吾所说，他称之为"水/玻璃"的项目（1995年，第29页），加建在俯瞰热海湾的别墅上，这是他的经典作品，几乎具有神话般的维度。他以这部作品开始每一次公开演讲不是无关紧要的，它就好像是独特的综合概念的结晶。对隈研吾来说，这一概念与格里特·里特维尔德的施罗德住宅（1924年）或勒·柯布西耶的库克住宅（1926年）的地位相当。虽然水/玻璃项目并没有真正展示"另一个"建筑的互动元素，但是它仍然与日本现代建筑的起源有关，同样深受布鲁诺·陶特对桂离宫的重新评价的启发。布鲁诺·陶特对桂离宫的重新评价是在1933年到1936年逗留日本的三年间做出的。[3] 隈研吾将他的水/玻璃项目设想为对陶特解读桂离宫美学的重新诠释。与以宫殿勾勒出自然的方式一样，在他的水/玻璃项目中，流动的水勾勒出大海漫涌的全景，整个建筑与大海，在不知不觉中，因光与空气的波动，融合在一起。隈研吾写道：

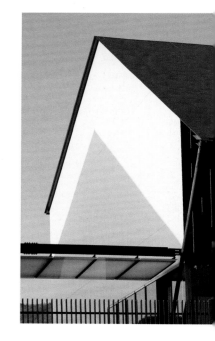

> 这个建筑的边界条件时刻变换，随着自然情绪的变化而变化。在特定的时间，你会将水的上下平面视为单一的、连续的表面，你会有漂浮在海面上的感觉。在那一刻，主体通过水的介质直接与世界相连。恶劣的天气会增强这种印象。在雨天，世界和建筑之间的边界融化了：海洋、天空和水池变成了一团蓝灰色的粒子，包围着这个主体。甚至固体、液体和气体之间的区别也消失了。在这样的时刻，建筑无限扩展，与世界融为一体。与此同时，世界上的一切都被压缩并嵌入到建筑中。[4]

隈研吾的"反客体"建筑是反透视的，因为它与西方传统的主体与客体分裂完全相反。正因为如此，它反对超个人主义的正立面舞台布景的视角，这可以追溯到文艺复兴时期和塞巴斯蒂亚诺·塞利奥（1474—1554年）的理想舞台。水/玻璃的体量不对称出挑，源自能剧舞台的对角线平台，这表明没有单一的理想点可以体验这种水上场景。其部分原因是，抬起眼睛看百叶窗天花板以及玻璃的反射和折射之前，主体被迫将瞬间的注意力集中在地板上，以及地板下，那与无限扩展的大海融合前源源不断、波澜起伏的水面。我们不可思议地接近斯坦利·库布里克（Stanley Kubrick）的《2001太空漫游》（2001:A Space Odyssey，1968年）中天启式的最后部分，因为，地板对声音和触觉的反感，加

音户町市民中心，
日本广岛县吴市

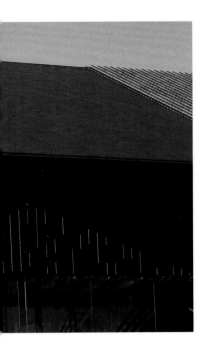

上透明家具的非物质化的幻影特征，使我们清楚地看到，不存在的主体永远无法被救赎，而我们过去的潜在表现永远被禁锢在偷窥的命运中。因此，我们注定要待在舞台下面，躲在摄像机后面，永远不能进入空间被禁止的非物质化镜头里，该空间在我们面前结晶固化，在海洋全景之前永远冻结。

具有讽刺意味的是，大海也是龟老山气象台的终极参照物，龟老山气象台位于爱媛县吉海岛上一座小山的顶部。在这里，隈研吾的反客体建筑源于对一座断头山峰的部分重建，提供了一个混凝土地下工程和行人步廊，穿过顶部的山体，最终到达顶端，在两个混凝土观景平台面向不同的方向。这些有利位置由柏木制成的步桥和上上下下的混凝土楼梯系统连接起来，前者宽阔而富有戏剧性（瑞士建筑师阿道夫·阿皮亚），后者狭窄并自行折回，以便引导游客下到停车场，而不重复进来时的路线。有人可能会说，这种使用混凝土来雕凿空间和保留大地的方式，不经意间借鉴了安藤。尽管隈研吾将龟老山视为非实体建筑，但这两个观景台仍然被看作是令人尊敬的观景建筑，从观景台中可以看到广阔的内海。隈研吾的典型特征是，他会把这种情况视为隐藏着一种可能会发生的逆转，在这种逆转中，主导者变成了被偷窥的被动者，如黑泽明的电影《天国与地狱》（1963年）中的情节。因此，隈研吾能够通过对黑泽明的巧妙引用，推进他的"反客体"论战：

> 黑泽明指出，这种危险是视觉和客体所固有的。山顶住宅是典型的客体。建在高处，好像放在基座上，它是资产阶级欲望的产物。透过巨大的观景窗，居住者开始相信他们不仅主宰着自然，而且主宰着整个世界。同时，资产阶级希望世界看到他们的情感和财富的表现。郊区住宅使他们能够满足这种双重愿望——看到和被看到。因此，20世纪是郊区住宅的世纪，它们以惊人的速度激增，直到主导了整个景观。
>
> 然而，最终人们意识到这些客体并不像人们想象的那么理想。只有当客体孤独地站在山上，主宰着其他世界，并被其他世界看到时，成功才能得到保证。当存在多个客体时，这些条件不再适用。客体的景观视野，不再是自然景观或整个世界，而是其他人建造的客体——其他人的房子。这个主体被这些不受欢迎的景象淹没了。此外，每一个客体都被其邻居从里到外不断地观察着。[5]

隈研吾频繁提到电影，证明了他反静止、反纪念性的愿景。他指出，电影的动态暂时性取决于使用不同的拍摄角度，即镜头和反镜头之间的切换。特别奇怪的是，他并没有强调电影作为媒介的"粒子化"特征。这是一种内在的特质，也许在敕使河原宏的电影《砂之女》（1964年）中首次得到了富于表现力的发挥。除了电影中存在的主角外，敕使河原宏还把世界描绘成主要由沙粒组成。同样地，隈研吾通过关注构成三重县伊势神社参观路线的砾石颗粒，将他自己的"粒子化"原则进一步看作是一种美学策略。

> 伊势的神社建筑建在地面上，地面完全被白色的鹅卵石覆盖，代表着一片荒野。神社每20年进行一次仪式性的重建，这表明下面的地面比建在上面的建筑要重要得多。事实上，地面上覆盖着未经任何方式加工的鹅卵石，这一点非常重要。这些石头颗粒的大小也很重要。如果鹅卵石再小一些，它们就不会被视为微粒，而是会变成不允许干预的物质——绝对的、单边的物质。另一方面，如果再大一点，它们就会成为引人注目的客体，就像绘画中的笔触一样肯定。它们将成为不是等待干预的物质，而是已经完成的东西，以阻止任何干预。当然，它们的尺寸不是绝对的，在每种情况下，它们都必须由周围的环境决定。例如，在伊势神社的空间序列中，在经历了从树木到人造结构的各种不同尺寸的东西之后，主体到达鹅卵石。整个顺序过程决定了鹅卵石的尺寸。[6]

是不是因为1945年在广岛和长崎被投下原子弹后，在日本经历的"汽化"过程中，隈研吾才对"粒子化"的专注有了其无意识根源？当时，环境立即被还原成放射性粒子——同样的粒子，在阿伦·雷乃的《广岛之恋》（1959年）的开场中，我们不可思议地看到了，在爱人的手臂上。隈研吾对粒子化的痴迷是对数学家和哲学家戈特弗里德·莱布尼茨所想象的世界完全还原成单子尘粒的那一瞬间的升华吗？[7]

隈研吾的那珂川町马头广重美术馆（第117页）和石头博物馆，于2000年在栃木县的那须郡完工，分别由木头和石头建造，因此，它们可以说是木材的构造（tectonic）倾向和石头的砌筑（stereotomic）特征的例证。前者是一个由隐藏的钢筋混凝土和钢结构支撑的大量重复的木质百叶窗，而后者则是由钢固定的石带所组成，这些钢材恰好位于那些石头构件无法承受自身重量的地方。这两处建筑都采用了超精妙的工艺流程，不仅展示了建筑师的技术实验能力，而且展示了日本建筑业独特的技术"诀窍"，即能够在不同的规模上以不同的方法操作，从计算机化的机器生产，到久负盛名的工艺实践。隈研吾自己对实现那珂川町马头广重美术馆所涉及的微妙技术的描述，与广重前工业时代图像的内在艺术内容相关，不仅告诉我们建成这座理想化木屋所涉及的有些神秘的技术，也告诉我们正是隈研吾溯及既往的历史投射，才使他的作品能够与广重对浮世绘原子化虚无世界的想象相呼应，在那里，雨水、薄雾、浓雾和霜冻的像素化图像可以被视为我们现象学经验的反透视实证。在这方面，隈研吾对博物馆实现过程的回顾性叙述尤其发人深省：

那珂川町马头广重美术馆，
日本栃木县那须

在安藤广重的画作中，多维性是一个反复出现的主题。他的作品中，许多薄薄的空间层相互层叠，将三维形式转换为二维形式，与西方采用的透视法完全不同。广重引入了模糊的自然现象，如雨，如雾，来表达层次空间。现代绘画……受这种方法的影响很大。把雨画成无数条直线来表达层次间的距离的技巧甚至影响了文森特·凡·高的绘画。参照这一结构，在建筑上尝试使用八沟杉的垂直百叶窗，以及其他各种细节也能产生同样的效果……

屋顶基本由三层构成。在外部，30毫米×60毫米的八沟杉百叶窗以120毫米的间隔排列，在内部，相同尺寸的百叶窗以相同的间隔放置。在这两层之间是防水的金属屋顶，于选定的区域插入玻璃天窗，将内部与外部分开。光在通过这些层时被分解成粒子，这就是我打算创造一个让室内充满纹理完全不同的光的方法。太阳光照射屋顶的角度会改变百叶窗产生的阴影，从而根据一天中的时间，改变室内的光线状况。两层百叶窗，包括其间的支柱，都是可见的，以至于可以从内部通过百叶窗之间的缝隙看到支撑屋顶的结构。[8]

在隈研吾的建筑中，有两种不同的方式表现出日本民间建筑风格，一种是双坡屋顶，正如我们第一次在那珂川町马头广重美术馆看到的那样，另一种是强调墙体，正如我们在梼原町市政厅（2006年，第165页）或在河/过滤器（1996年，第41页）中发现的那样，河/过滤器建在玉川，福岛县的阿武隈河畔。关于这两种方式，屋顶作为一个主题，最近在两座特别精致的建筑中脱颖而出：在广岛县吴市建成的音户町市民中心（2007年，第301页）和在东京港区建成的根津美术馆（2009年，第311页）。前者伸展出来，沿着水岸形成一条串联的屋顶线，屋檐出挑深远，覆盖着传统的瓦片。扁平、矩形和空心半圆形瓦片之间的交替使得隈研吾能够将屋顶想象成"粒子化"的表面，其条纹特征可以与由木条构成的、通高于地板和屋檐之间的百叶窗填充墙相匹配。值得注意的是，隈研吾将这整个工程视为一种获取形式的农业途径。带着有点令人惊讶的地区主义暗示，他会以这样的话结束对这个项目的描述："与其追求一个人作为建筑师的最初风格，不如去参观这个地方，并跟随它的发展。我们的目标是创造与大地对视且融合的建筑，不应像设计和运输到现场的建筑那样与地面分离。"[9]

根津美术馆收藏了一批古董，品质足以与国家拥有的同类文物相媲美，因为该博物馆的创建者、实业家根津嘉一郎花了一生的时间收集了7000多件物品，包含书法、绘画、雕塑和陶瓷。所有这一切之前都被安置在场地上的一座现有建筑物中，隈研吾在该建筑上添加了一个新的更大的展览建筑：钢框架、传统的瓦片屋顶和由两块薄钢板拼接制成的超薄出挑屋檐。与现有建筑物的铜屋顶形成鲜明对比的是，整个新建筑使用了钢，包括山墙（其表面由磷酸盐镀锌钢覆盖）。作为基本结构的钢支柱与优雅的焊接钢板支架相辅相成，这些钢板支架用作根津收藏的中国青铜头像的底座。另外，无论天花板是斜的还是平的，不同展览空间的吊顶都有精心设计的细节，从而尽可能不显眼地容纳人工照明和空调所需的各种配件。泛光照明在该建筑的夜间形象中起着重要作用，尤其是engawa（此为日文"缘侧"的罗马音，意为日本建筑中屋檐下的架空廊，是室内外空间结合的区域），它与一座狭窄的花园和一道竹篱笆一起，形成了建筑和街道之间的过渡空间。在建筑的另一侧，整个体块和入口被整合到一座现有的漫步花园中——这曾是原美术馆的一个组成部分。

对于一代又一代的日本建筑师来说，对传统的坚守是现代化进程中不可分割的一部分，在这方面，隈研吾也不例外。我们可以根据隈研吾迄今为止的实践特点来判断这一点，从宫城县登米附近森林中的能剧舞台（1996年，第93页）开始，到新潟县的高柳社区中心（2000年，第129页）和在中国建造的长城脚下的竹屋（2002年，第105页），即"长城脚下的公社"的一部分。这三件作品都涉及对传统材料和方法的巧妙改编，尤其是作品中的能剧表演空间，隈研吾对传统能剧院的封闭格式进行了细微的改变，以允许全年演出剧目。隈研吾指出，除了传统舞台台顶上方的防风雨屋顶，这种变化的效果是能让人们将更多的注意力放在舞台上。正如他所说：

> 每一个设计策略都集中在地板上。为了确保观众专注于这个区域，演员们在地板上跺脚。罐子安置在舞台下方以放大声音。每一个设计策略都旨在将注意力集中在地板上，并降低整体表演的重心。没有人仰望舞台上方的屋顶——它只是为了抵御恶劣的天气，并将舞台包裹在黑暗的阴影。死者的灵魂必须沉入屋顶的黑暗阴影中，在白色鹅卵石反射的微弱光线中若隐若现。10

在登米，隈研吾通过三个构件加强了对传统的能剧舞台的暗示：第一，观众所在的榻榻米地板，由低矮的屋顶覆盖；第二，倾斜的白洲（shirasu）空间，阶梯式的结构提供了一个有利的位置，可以从侧面观看阴暗的舞台；第三，舞台本身由低矮的屋顶覆盖，并在主舞台和侧台之间配置了一个对角线桥。终极目标是引向一座专为能剧演出而设计的花园亭子，同时通过使用百叶窗雪松屏风统一最后的形式。

高柳社区中心被稻田包围，坐落在由传统房屋组成的村庄中，它的建造代表着一种尝试，即通过使用和纸（采用日本传统制造法制造的纸）覆盖建筑的重型木框架，并用相同的

龟老山气象台，
日本爱媛县今治

材料裱衬墙壁，来振兴该地区民宅的茅草屋顶——这是新潟县的一种传统工艺产品。和纸精致的半透明面层能够产生由里及外的温暖亮度。隈研吾的典型特征是，他能够像在其他地方一样，与一位在这里的大师级的工匠合作。这次，他与专门生产这种纸的小林康生合作。悬停在公共空间上的传统屋顶的厚重轮廓，神秘地由内衬和纸的门窗（shoji）板照亮。另一个表现因素是稻田本身，它提供了充满活力的绿色地面，用它来抵消茅草的触觉灰度（the tactile grey）和纸张的亮度。

在2001年至2006年期间，隈研吾为山形县的尾花泽村建造了另外两个作品，设计方案与文脉高度相关。第一个是小浴室，名为银山温泉浴室（第141页），而第二个是一栋四层楼的酒店，名为银山温泉藤屋旅馆（第153页）。这两个作品都建在日本最多雪的地区之一，依赖自然温泉水，这些温泉水分布在村里的不同地点，在银山河道稍有不同的地点涌现。这两个作品的规模、程序和建筑特征都明显不同，但它们在不同程度上都与文脉相关。就那个两层小浴室来说，建筑的整体形象来自垂直木质百叶窗，事实上，垂直木质百叶窗从上到下覆盖了整个建筑，以确保私密性并允许光线进入。结果这个作品看起来像是一个露台的末端残留的农棚。至于四层楼的酒店，条件完全不同，三层楼的外部已经被重建，或多或少地符合该地区的传统酒店形式。这种"有差异的重复"的唯一例外是酒店中央两层高的门厅，门厅中半透明的过滤层，由4毫米宽的竹百叶窗组成，以细分内部空间，同时装饰玻璃屏风也可以保护室内免受恶劣天气的影响。

长城脚下的竹屋让隈研吾联想到陶特在桂离宫竹围墙之前的顿悟。由于希望通过使用当地材料来保护场地的自然特征，这座建筑几乎完全是用竹子建造的。这座位于砖石地基上的单层房屋被视为一圈竹竿，与长城干燥、崎岖的景观相映成趣。无论以何种意图和目的来解释，这只是一栋天井房子，为冥想而设计，也为日常生活。房子主层高架在平台上，通过长长的外部楼梯和走廊进入，它把人们转送到门厅（楼梯厅），门厅把中央空间两侧的房屋两翼连接起来。门厅中用竹子围护的冥想平台，被喷泉池轻轻搅动的水面所环绕。然而，与隈研吾的水/玻璃项目不同的是，人们可以通过连接楼梯厅和主要生活空间的通道进入这个冥想平台。竹子的特殊处理工艺是隈研吾在其职业生涯中不断摸索出的先进技术。他告诉我们：

竹子在大约280℃的高温下进行加工，以杀死生活在里面的微生物，然后涂上油。加热过程中青竹褪色，其外观与周围景观相匹配。虽然在日本用油涂抹竹子的处理方法并不普遍，但我在做了几个样品并与中国工匠交谈后选择了这种方法……外墙基本上采用了两层皮，即双层玻璃和活动式竹百叶窗。[11]

日本东部的莲屋（2005年，第243页）可以被视为粒子化的典范，尽管这种情况下的“粒子”既不是木梃也不是竹竿，而是30毫米厚的石灰华板，每个尺寸为60厘米×20厘米。这些石灰华板悬挂在钢带上构成棋盘式屏风，这些钢带共同构成一条直线链，挂在悬挑深远的屋顶上。该石头/钢系统包括柔韧的遮阳系（brise soleil），它在风中像窗帘一样轻微摆动。穿孔的屏风毫不费力地挂在路缘石上，将房子底层与毗邻的荷花池表面分隔开来，这让人产生了某种幻觉，而荷花池正是这座房子名字的来源。这座梦幻住宅孤立在植被繁茂的遗址上，就像一个人置身于现代废墟之中，让人不禁想起了沟口健二的电影《雨月物语》（1953年）结尾处描绘的废弃书院。

归根到底，隈研吾所有“失重”的、非构造的石头建筑，从荷宅、那须的石头博物馆，到栃木县高根泽宝积寺站旁的石头庇护所——Chokkura广场（2006年，第255页），都证明了隈研吾属于那种晚期现代建筑师——对于他们，表面材料本身构成了表现力的主要部分，如石头博物馆通过使用复杂的金属加固物来维持镶嵌的石头元素。这一特点在Chokkura广场的设计中表现得尤为突出，为了稳定大谷石制品，在每一层石材的下面都插入了弯曲的钢板。关于这个相当不自然的解决方案，隈研吾写道：

> 为了在技术上解决这个项目，我和工程师荒谷先生、石材商见目先生以及我的同事们集思广益，提出了这个对角线施工系统的想法，在这个系统中我们使用成对叠拼的大谷石材，同时将其编织在一起，像由对角线叠拼的钢板制成的钢篮。石材不仅是一种应用材料，也是一种重要的结构构件。它既是结构材料，又是饰面材料。在这些模糊的双重特征之间，这种墙体结构被精心编织……[12]

最近，随着设计项目变得越来越大，他们经常凭借设计方案本身承担更多的市民角色，比如音户町市民中心的案例。在这方面，隈研吾通过高度美学化的实践，将表达的内容贬低到仅仅浮于表面，以“擦除”建筑客体，而这变得越来越困难。

隈研吾在高知县高冈的山村花费了一些时间，他于1994年首次在那里实现了一个小型酒店兼社区中心的设计方案。在这个项目之后，梼原町市政厅建成，该市政厅可能是他当时所完成的最连贯的木构作品。这座由当地雪松建造的建筑为隈研吾提供了一个独特的契机，他尝试使用18米跨度的双层木梁，木梁由相同层压的四部分木簇柱支撑。这座两层的大型木结构建筑容纳了一家银行、一家农民合作社和一家当地商会。建筑表面及结构由60毫米厚的模块化木板包裹，每块覆盖结构表面的木板尺寸为2.25米×1.2米。这个建筑部分覆盖着混凝土屋顶，就其比例而言可以追溯到古老的绳纹木材传统。尽管有正立面的切分音节奏，但这个

作品没有任何明显的装饰。就像传统数寄屋（sukiya）的表现方式一样，一切都取决于边缘的细节。因此，该建筑轻松地达到了坚定的、独立的形式。由于建筑材料与树木丛生的高山景观融为一体，建筑师似乎暂时放弃了对粒子化的迷恋。

两个同样具有纪念意义的建筑加强了隈研吾在高冈郡的存在感。这两个建筑都在2010年完工：梼原町木桥博物馆（第209页）和梼原町市场（第197页）。梼原町市场建在村中心，把市场大厅和一家小酒店结合在一起。木桥博物馆和酒店一样是混合项目。首先，它只是现有水疗建筑"Kuomonoueno温泉"和隈研吾早期社区酒店之间的高架有盖连接，兼作高架风雨商业廊道，偶尔用于展览。由于酒店坐落在小山丘的顶部，而水疗中心位于山谷中，因此升高的连接线需要在一个全玻璃竖井中安装乘客电梯，该竖井由钢框架构成，从水疗中心的最低楼层上升到桥的平台上。桥的另一端连接着一条类似但更宽敞的走廊，再通过有盖连接，最终引导游客进入酒店。这座桥博物馆不是极简的功利主义解决方案，而是以日本传统纪念性木结构的方式所建造的壮观的纪念建筑。套用罗兰·巴特巧妙的说法，这种"有差异的重复"取决于建筑师对当地现存工艺传统的探寻，隈研吾的作品经常如此。他习惯于花费大量的时间来寻找当地有特殊能力的工匠，他不仅在日本建造时雇用这些工匠，在某些情况下，他还会安排工匠到日本以外的地方去。

由中田胜雄及合伙人事务所（Katsuo Nakata & Associates）精心计算的这座跨度超过40米的木桥分两个半跨，端头由钢框架结构支撑：第一种情况是在电梯井上，第二种情况是在两个稳定的钢桥墩上。然而，大体而言，这并不是横跨两点之间的缺乏创意的桥梁，而是递增的阶梯式木质组件，它从一根单一的木制组合十字形柱上逐步伸出。它完全用日本雪松建造，采用悬臂杆的连接方式，随着建造中的一个升起传递到下一个升起，以不同的增量变得越来越宽和越来越长。以这种方式，从中柱上悬臂挑出来的初始纵梁由四个横向托架支撑，而在第二个升起中，七个横向托架支撑更长的横梁，以此类推，有五个连续的升起。由于横向托架在其跨度的上方和下方承载梁，因此"桥"由九根逐渐增加长度的梁组成。在许多方面，这些尝试是传统斗拱（masugumi）"承块和支架"系统中规中矩的延伸，即使最后四个支架是一种"虚假工作"，因为它们被锚定在廊道的木框架中。最后一个被由玻璃和木材组成的面板在其边缘交替围合的浅坡屋顶所覆盖，而天花板的双坡被那些与建筑外部木梁相同截面的悬臂支架赋予了活力，使人感觉相同的结构部件已经渗透到廊道里面来了。这一切设计具有相当熟练的手法，因为跨度的实际荷载是由70厘米深、宽向组合的木梁所承载，木梁端部由钢框架承载，而不是由设置在跨度中点下方的十字形木柱承载。

这个独特的修辞性作品向观众展示了具有里程碑意义的清晰的木结构，让人联想到日本古老传统中的重型正交木框架，如支撑着京都清水寺的观景台，这一结构可追溯到1633年。

同时，它也是隈研吾"粒子美学"的生动体现，从表面上看，由叠拼的连接杆组成的正交连接组件所进行的扩散，是构造的杰作；其末端被漆成白色，是高度戏剧化的表现。此外，镀锌金属屋顶的锐利水平线，切过背景中森林茂密、山峦起伏的轮廓；从倾斜角度看，桥梁呈现的方式，是细长的编织篮形式，而不是横梁构造中"承载和被承载"的形式。这种戏剧性的构造在晚上得到美化，被自下而上的泛光照射的桥梁呈现出一种莫名的木云状，不可思议地落在一根被单独的泛光灯照射的柱子顶上。无论白天还是夜晚，人们都无法忽视木桥博物馆所扮演的代表性的显著角色。木桥博物馆在景观中是一个令人尊敬的统领性元素，它将酒店和水疗中心结合在一起，融汇成单一的综合体。

梼原町市场与木桥博物馆同年完工，是一座相对较小的三层填空式建筑，在它的单个屋顶下结合了一个市场大厅和一个有15个房间的小型多层酒店，靠近自古以来就被旅行者使用的坂本龙马路（Sakamoto Ryoma road）。梼原町市场与旅客棚屋的茶道传统有关，在过去，这座棚屋提供了一个相会场所和一间茅草屋，供旅客在那里免费休息和享受滋补茶。出于对这一传统的尊重，茅草在市场大厅的东立面起着主要的表达作用，市场大厅正对着市中心商业区的主要购物街。在这里，茅草不是用在屋顶上，而是采用稻草捆的形式（200厘米×98厘米）悬挂在金属架上。在这种形式中，它们看起来像厚厚的百叶窗，占据了门以上的整个正立面。这种巧妙的安排不仅是暗中破坏禁止性消防法规的手段，也是通过改变百叶窗的角度来调节交叉通风的装置。这种可渗透的茅草屏风为三层市场大厅提供了合适的有乡村特色的外围护，复合的组合式屋顶由五根木柱支撑，每根木柱都分支出对角的木支柱，看起来好像是由这些木支柱支撑着那些被木制天花板弯曲表面隐藏起来的檩条。这些柱子是用部分剥皮的雪松原木制成的，赋予结构一种质朴的特征。建筑整体的乡村特色与其下面的市场小摊相匹配，与部分用金属网栏杆遮挡的酒店入口走廊形成对比，作为另一个时代的技术干预，酒店走廊从大厅上部穿过。实际上，酒店平面是L形，环绕着三层市场大厅的两侧。建筑物南面、西面和北面的90毫米厚长条雪松板是上层建筑现代风格和市场大厅乡村特色之间的第三个中间术语。这种表面光洁度被细分为细微比例的模块化镶板，木板的方向在一个镶板和下一个镶板之间不断地交替。最后需要指出的是，市场大厅可以通过打开前排的通高玻璃门，与面向的街道完全合在一起。尽管偶尔使用现代技术，但我们可以说，建筑的整体基调具有现象学特征。

在类似的构造脉络中，涉及日本民间建筑风格，隈研吾设计了另一件正交的杰作，在某些方面可以与木桥博物馆的修辞相媲美。这就是位于爱知县春日井市鸟居松町的三层GC齿科博物馆研究中心（2010年，第185页）。衍生出此作品的扩散结构"粒子"来源于一种被称为"千鸟格"（cidori）的传统日本玩具，实际上是一组木棍，可以无限地在x、y和z轴上

Z58，中国上海

连接起来，而不需要任何钉子或金属配件。再次跟"桥"一样，这件非凡作品的成就归功于熟练的工匠，他们来自小城飞驒高山（Hida Takayama），在那里，这种传统的玩具得以延续。本案例设想将建筑作为集合形式，通过重复一系列60毫米的方形、杆状元素来构建，从而形成50厘米×50厘米的索尔·勒维特（Sol-Lewitt）式样立方体的无限区域。由于没有等级的首要或次要元素，优秀工程师佐藤淳的参与对这种不可能的结构的稳定性至关重要。这种装置是否能够实现多层结构而不会产生过度的应力，需要工程师谨慎验证。

事实上，这座建筑是一朵巨大的棱柱状"云"，在其立方迭代的微小空隙中，容纳着相对来说对该机构本身没有意义的用于承重墙围合的体积。除了一楼的入口大厅和两层高的走廊，该建筑还有一层的办公室、二层的实验室空间和地下层的会议室和档案室。GC是日本一家主要的齿科工具制造商，这在某种程度上解释了设置在主门厅内的图像元素：四个代表人类牙齿上半部分的大型陶瓷雕塑。雕塑的创意来自平面设计师原研哉，他也恰好是无印良品的咨询委员。除了放大的牙齿，大厅还装饰着一座小型青铜佛像，位于纪念性入口门厅内的轴线上。与梼原町木桥博物馆一样，构成这个笼子的木材的外露端被漆成白色，使其成为明亮的光调制器。牙科器械、人工牙齿和各种牙科植入物的玻璃展示柜使一楼变得丰富。透明的防风雨玻璃膜与木笼一起插入，使内部和外部之间的确切界面变得难以感知。这座建筑从顶部向外延伸，薄而出挑的金属屋顶，给人一种有点自相矛盾的纪念性特征。同时，整个非物质化的体块形式由连续的种植带在地面进行界定，该种植带像某种护城河一样将建筑围起来。

尽管隈研吾致力于建筑中的现象学维度，但很难找到另一位建筑师如此了解媒体对建筑形式的接受和培养的影响。因此，在《反客体》一书中，我们发现他写道：

> 建筑与人之间的交流，即对建筑的欣赏，主要分为三个阶段。在第一阶段，现象学阶段，实际的人体验实际的空间。第二阶段，微媒体领域，决定了建筑作品以何种形式转化为媒介。例如，如何将建筑转换为二维打印介质？它是如何转换成图纸的？从什么角度，在什么样的光线下，以什么样的分辨率拍摄建筑照片？第三阶段是宏观媒体领域，这决定了已经转换为媒介的建筑如何被散布或传播。建筑的书籍和杂志以什么形式出售？艺术博物馆选择什么样的建筑进行展览，以什么为基础？中国上海的Z58希望吸引什么样的游客，以及如何促进展览？
>
> 有人可能会把20世纪前的建筑称为"摄影建筑"，或者更确切地说是"透视建筑"，因为从文艺复兴时期起，透视是复制和传播建筑的基本方法。摄影只是这种方法的延伸。[13]

他继续论说，他自己的粒子化建筑是反摄影的，因为它凭借其环境上的镶嵌化和不稳定，抵制了知觉和概念之间的中介融合，这使得它不易于被封装在单一的、引人注目的图像里。正如他所说："粒子化的作品在本质上是极其相对的。它可以在一瞬间显得透明和轻盈，在下一瞬间显得污浊而笨重，这取决于光线照射它的方式……"[14]

有人可能会反驳说，隈研吾的粒子建筑总是由相对较小的元素组成，而这些存于或属于它们自己的元素的迭代并不一定会使建筑作品不易上镜头，不管图像是局部的还是整体的。即便不是为了拍照片，有人可能也会争辩说，隈研吾建筑的细节和迭代特征，实际上对整个世界来说都是难以理解的。同时，对隈研吾来说，在作品中实现木构编织体系的愿望也一直是他创造的动力。这一修辞在不同的时间里呈现出完全不同的外观，当我们经过时，可能会判断，比如东京的村井正诚纪念艺术博物馆（2004年，第173页）旧壁板的讽刺性再利用，上海的Z58大楼（2006年，第73页）种植的街道墙。在村井正诚纪念艺术博物馆，编织表面重新利用被拆除房屋的部分木板，暴露其背面，并将其隔开作为垂直网格，以此来表现过去；在上海Z58大楼，编织立面由水平的钢槽构成，钢槽承载着需要灌溉的植被墙，中间插入交替的玻璃和钢的水平条带。另一方面，隈研吾的河/过滤器建筑摆脱了他对饰面板的长期痴迷，在木框架的基本结构和从屋顶垂下的水平百叶窗的表面之间，建立了一种层次性的、有节奏的秩序，将钢筋混凝土上部建筑部分隐藏在木框架中。因此，建筑被设定为一种介于揭示和隐藏基本结构之间的交替的构造。这种自负在隈研吾更具粒子化的作品中基本上是不存在的。

除了偶尔对构造的吸引力之外，隈研吾的创造力还有实验性的、技术科学的方面。这就解释了他在各种场合所计划和实现的滑稽而高科技的反客体，例如法兰克福应用艺术博物馆的茶馆（2007年）、东京原美术馆（Hara Museum）的KXK馆（2005年）。隈研吾对土著原始小屋进行了如此高科技的重新诠释，使其采取了一个具有讽刺意味的立场，来反对晚期现代世界里客体的过度扩散。关于KXK穹顶，马尔科·卡萨蒙蒂曾写道："再一次，隈研吾……选择了无焦点的建筑形式，类似于彩虹的渐逝折射，它可以采取各种不同的形式。"[15]被称为纸蛇（2005年，第289页）的建筑，并不是这样的一栋原始小屋。纸蛇建在韩国某森林公园里，它是具有非常相似顺序的地形雕塑，由蜂窝状纤维增强纸板组成，用金属网和轻质金属部分加固。虽然与蛇没有确实的相似性，但整个概念与折纸传统有关，正如折叠形式唤起了人们关于蛇的想法，而没有确实地表现它。从材料的颜色和半透明性质以及形式的运动可以清楚地看出，平面节奏的建立是对展开形式侧边树木的触觉位置的反应，就像是一连串平面对陆地运动的回响一样。整个装置对光的反应异常灵敏，从棕色变为亮黄色，这取决于形式的角度和太阳的位置。整个建筑构成一个塑料事件，与公园参观流线中的其他艺术形

式放在一起。

卡萨尔格兰德陶瓷之云（2010年，第323页），位于意大利卡萨尔格兰德镇外，该镇的陶瓷生产历史悠久。卡萨尔格兰德陶瓷之云长45米，具有相当的抽象可塑性，但材料几何结构和比例截然不同。它本质上是一个略微弯曲的、链状的开放式矩形陶瓷盒子，巧妙地、不易察觉地在角上连接在一起。整个构造似乎是开放和封闭的平面的关联，这些平面在栅栏的整个高度和范围内交错在一起。就像隈研吾的许多作品一样，构筑整体再一次由不断变化的光影效果所激发。在由卡拉拉大理石制成的白色砾石铺成的完美圆形区域的中间，这种幻觉般的明暗对比效果悬浮在有机的阴阳水域之上。这座平面纪念碑以这样的方式被安置，即一辆汽车在靠近时首先看到的纪念碑是一片薄薄的白色陶瓷片，当汽车绕着圆盘行驶时，它将逐渐完全敞开。

越深入地探究隈研吾的批判实践和激进理论，越必须认识到贯穿人物的分裂性，因为尽管他的作品在很大程度上源于当代建筑的生产技术和前沿数字技术，但它仍然植根于隈研吾对传统日本工艺现存痕迹的持续培养。先进的制造方法与看起来自中世纪就几乎没有变化的工艺之间的矛盾结合，让人想起了矶崎新的评论——在日本，没有一种既定的实践或信仰会完全过时。正如他所说："首先我们有道教，然后是神道教，佛教，儒教，现在是工业主义；你必须记住，在日本没有什么东西会消失。"[16]

有一点不同寻常的是，隈研吾的高度敏感性和丰富的创造力应该与一种异常不安的批判性智慧共存。这种批判性不仅对继续保持一种重要的建筑文化的可能性持怀疑态度，也对调解看似不可逆转的、晚期资本主义现代化的回归趋势不抱幻想。对隈研吾来说，这不是以前的计划经济，相反，这是一个商品化凯恩斯主义的看似有益但虚幻的轨迹，它没有别的目的，只是为了维持资本主义的生产方式，不管它在破坏环境方面要付出什么代价。为此，隈研吾在一篇题为《失败的建筑》的未发表文章中写道：

> 建造房子的人必须迅速面对变化，这种情况并不少见。在阪神大地震后，有很多人谈论人们两次背负住房贷款。在贷款还没完全还清之前，那些房屋在灾难中被毁的人们不得不再贷款来庇护自己。凯恩斯自己也意识到他的政策没有花时间考虑周全。当一位评论家指责他的政策并不能长远解决问题时，凯恩斯回答说："从长远来看，我们都死了。"这是迷人的、机智的回答。然而，他既没有愿望也没有想象力去超越脱节的想法。在那句话中，他承认凯恩斯主义政策的核心是一系列的权宜之计……[17]

看隈研吾的作品有一种不可思议的感觉，有时似乎觉得它们是同一座建筑的零碎部分，

顶图及上图：河／过滤器，日本福岛县玉川
左页图：水／玻璃，日本静冈县热海

因此有人在扫描他作品的摄影记录时，会对一座建筑的终点和另一座建筑的起点感到不确定。同时，在他短暂的Dymaxion[18]、单细胞庇护所，或更独立的建筑等奇异作品中，模糊的粒子图像暂停了，如他的森林/地板住宅（2003年，第63页）或木佛博物馆（2002年，第267页），除此之外，隈研吾接受了这个事实，即建筑师不能再声称拥有创造重要的一次性建筑的特权。

对于隈研吾来说，艺术唯一剩下的角色就是在束缚中跳舞，并在消亡中谱写一首荒诞的诗。因此，像小津安二郎的电影中那样，人们意识到了同性恋者的感官性与经济人的强制性破坏之间的不可调和的对立。隈研吾幽默的超然与他批判思维的明晰相匹配，后者明确地承认了后现代世界仍然不愿意完全接受的东西，也就是说，后现代建筑的技术胜利是其失败的矛盾体现，这样的话，就不能再渴望没有装饰的现代工程的昔日乌托邦了。因为他实在是太清楚，西方和现在看来普遍的启蒙运动的进步幻象，正面临着自身不断上升的熵的复仇，正如自然的技术消耗、冰盖的融化和海洋的污染所表明的那样。

尽管隈研吾优先使用木材，这是生产过程中需要内涵能量最少的材料，但可持续性在他的建筑轨迹中是一个难以捉摸的问题，因为尽管他的建筑总是显示出非凡的技术精度，但在其作品出版物中附带的技术说明和详细图纸里，很少强调气候控制和能源使用。[19]尽管他习惯性地使用百叶窗，各种形式的百叶窗能够自发地提供高水平的太阳控制，但这种价值在其总体作品中的地位有些模糊不清。在这方面，我们可以说，尽管日本有坚忍的传统，即不抱怨地忍受这个国家的极端气候，但齐格蒙特·鲍曼在本文开头提到的规范的培养，对隈研吾来说是一个挑战，就像对任何其他渴望达到相当水平的批判唯美主义的建筑师一样。

在隈研吾最近的作品中，很明显，他的建筑表现力呈现出一种越来越现象学的维度，这种维度常常与其效果的戏剧性形成紧张的关系。手工艺在这一切中起着炼金术的作用，正如人们总是意识到某一特定材料的特殊价值一样，因为手艺的介入让特定材料引起了人们的强烈注意，即使这种明显的手艺在某些方面也是由于对机器生产的区别使用而产生的。随着隈研吾的作品越来越成熟，其编排也越来越精细，很明显，本质上这些建筑既不是重要的空间更替的建筑，也不是以清晰方式来抵抗重力，所以突出特征就是结构展示的作品。针对这些目的，哪里都肯定会做出一个姿态，但是这种冲动终究会被整体的景观特征所掩盖，就像在梼原町市场里一样，木材结构的柱距似乎与表面上支撑的屋顶无关。我们可以注意到，虽然在感官效果上，部分剥去树皮的木柱，结合茅草的立面外观和气味，唤起了一种适当的乡村感，但这种价值仍然在很大程度上无法成为我们这个时代大多数人的真实体验。

另外，作品引人入胜的美感源于其结构非等级性的粒子化，这种粒子化总能激活整个形式中光的现象学作用，且能随着季节性气候的起伏而变化。在某种程度上，这解释了为什么隈研吾频繁地将一座建筑称之为云彩，甚至是薄雾，比如我们在GC齿科博物馆研究中心门厅

顶图：梼原町市政厅，日本高知县高冈梼原町
上图：GC齿科博物馆研究中心，日本爱知县春日井

看到的。事实上，这座建筑的整体效果是如此的崇高，以至于激起了建筑师的讽刺性猜测，即人们甚至可能会选择为自己建造这样一个无法形容的环境。尽管如此，在隈研吾的建筑中，人们永远不能忽视历史悠久的日本意识，即自然、文化和时间之间的相互作用，以及在其不断蜕变为未来的过程中而势必发生的悲剧美。

肯尼思·弗兰姆普敦

注释

[1] 见齐格蒙特·鲍曼的《作为实践的文化》（1973年；伦敦，1999年），第14卷。

[2] 摘自隈研吾的《材料不是终点》，出自《隈研吾：材料、结构、细节》（巴塞尔，2004年），第6页。

[3] 隈研吾对陶特的喜爱有一个个人的原因，隈研吾的父亲收集了这个德国建筑师在日本短暂停留期间设计的小型工艺品。除此之外，陶特的房间在热海的日向住宅内，这里有日本的精神，但没有传统的家具，实际上就在水/玻璃项目的隔壁。

[4] 见隈研吾的《反客体》（伦敦，2008年），第37页。

[5] 同上，第55页。

[6] 同上，第113页。

[7] 在以《反客体》为标题的文集中，隈研吾直接提到了莱布尼兹关于宇宙由单个不可约粒子组成的观点，他称之为单子。（见第119页）

[8] 见《隈研吾：材料、结构、细节》，第39~43页。

[9] 《隈研吾》，三得利艺术博物馆的未出版描述文字，已提交2008年英国阿联酋绿叶奖（the Emirates Glass LEAF Awards 2008）。

[10] 见《反客体》，第60页。

[11] 见《隈研吾：材料、结构、细节》，第113~114页。

[12] 见隈研吾的《两种结构》，2006年7月《新建筑81》第69~77页。

[13] 见《反客体》，第105页。

[14] 同上，第106页。

[15] 见《马尔科·卡萨蒙蒂》，隈研吾（米兰，2007年），第359页。

[16] 大约三十年前我第一次访问日本时给自己发表的评论。

[17] 见《反客体》，第29页。

[18] 我在这个例子中使用了巴克敏斯特·富勒术语"Dymaxion"，因为富勒对这个术语的定义，即"最小能量输入所能获得的最大优势增益"。但是，隈研吾所有的小避难所都不是普罗米修斯般的独创，而是更接近浮世绘的理念。

[19] 其中一个例外是，2002年，隈研吾在山口县的丰浦建造了一座博物馆，用来收藏佛教的阿弥陀佛如来古董木雕。关于这个，他写道："没有安装特殊的空调，而且项目依赖的是土坯的高湿度控制功能。我使用土坯作为结构，同时作为空调系统的一部分。"

WA
GLA

第一章　水和玻璃

点彩派，与法国后印象派艺术家乔治·修拉（Georges Seurat）关系紧密，据说是受到了诺曼底海水的启发。当修拉凝视水面时，意识到它的波光不能用传统的画法来表达，而是要把水分解成微小的、单个的颜料粒子。当我眺望太平洋时，我也觉得水不是静止的体积，而是一系列不断变化的粒子，而我设计的建筑（水/玻璃，第29页）俯视着海洋，也应该是一组波光粼粼的粒子。在这里，我第一次使用了铝制的百叶窗，因为我想通过这些百叶窗的光辉来赋予该建筑海洋粒子般的特征。我通过这个项目发现，当自然以粒子的形式存在时，它里面的建筑本身也必须是由粒子组成的。如果我以传统的方式设计这座建筑——例如，做成一个混凝土盒子——那么这座建筑的沉重程度将与自然相冲突。当我发现水和绿色植物是粒子时，我设计建筑的方式发生了根本性变化。

水／玻璃

日本静冈县热海

这个项目代表了一种通过一个平台将建筑和海洋连接起来的尝试——从而有效地形成水的engawa。作为日本传统建筑词汇中的一个元素，用来连接建筑和花园的engawa，其形式是紧靠窗户内外的一条木地面。这与西方建筑形成了鲜明的对比，在西方建筑中，花园和建筑被一堵墙隔开。在日本，建筑和自然是一体的，不是通过在界面上安装玻璃，而是通过使用水平元素，如engawa或屋顶悬挑。在这里，我还试图通过引入水这种自然元素，将坚硬和沉重（建筑）转变为柔软和温和。

布鲁诺·陶特在日本三年期间设计的唯一一座建筑——日向邸（1936年），坐落在与水/玻璃相邻的用地上。在那里，陶特试图遵循日本的原则，即建筑不是形式的问题，而是与自然的关系。他在京都桂离宫的竹子engawa的启发下，发现了一种通过仔细引入水平面来连接内外的方法。水/玻璃的设计是对陶特的一种敬意，陶特试图通过融入日本传统建筑词汇的元素来突破西方建筑的束缚。

总平面图

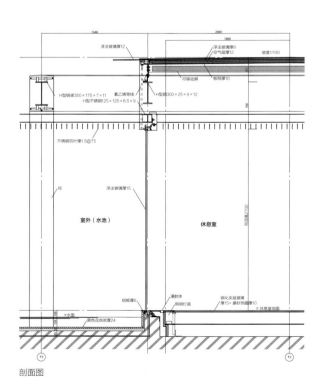

不锈钢板条（75毫米×15毫米）从内向外延伸，就像流水一样，给空间增加了连续感。

剖面图

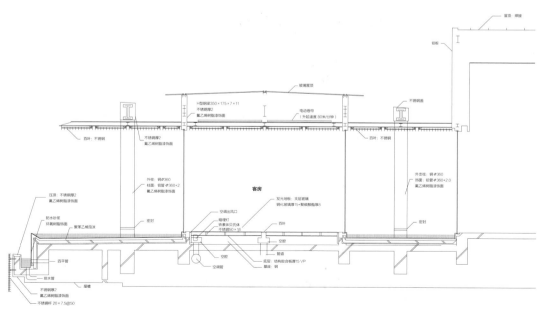

剖面图

玻璃桥沿着瀑布接近建筑物。在能剧表演（日本的传统戏剧艺术）中，
对角线桥被用来作为从这个世界到下一个世界的象征。

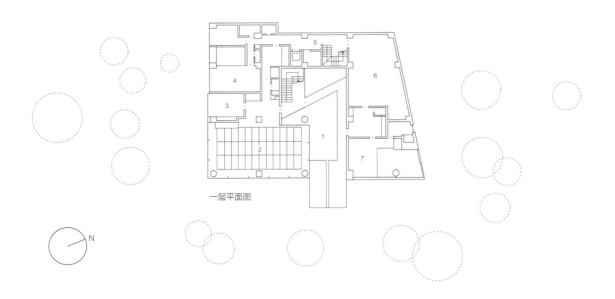

一层平面图

水面层和天花板彼此平行，透明空间在它们之间
延伸。

图例

1.反思池
2.榻榻米房间
3.会议室
4.经理的房间
5.服务庭院
6.机械室
7.浴室
8.厨房
9.休息厅
10.客房
11.入口
12.大厅
13.机械室
14.电气室

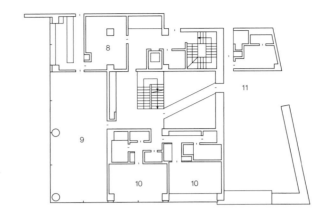

二层平面图

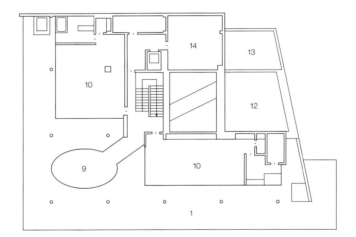

三层平面图

38

当水溢出时，水池的边缘似乎消失了，将水池的近景与太平洋的远景连接在一起。

河／过滤器

日本福岛县玉川

从停车场的入口看，这座一层楼的建筑——阿武隈河岸上的一家面馆——轮廓非常低矮。但在背面，面向河流的一侧，建筑是开阔的。外墙上使用了三种不同间隔的木制板条百叶窗来控制光线、视野和空气流通，在建筑的中心有一个开口，连接城市和自然（此间，河流）。以这种方式利用开口来调解二者之间的关系，这也是鸟居使用的技巧，鸟居是立在日本神社入口处的传统大门。

沿河的engawa进一步将建筑与其周围环境连接起来。使用突出的平台来创造这种联系是日本传统建筑中经常使用的技术，如在京都清水寺的佛殿所见。

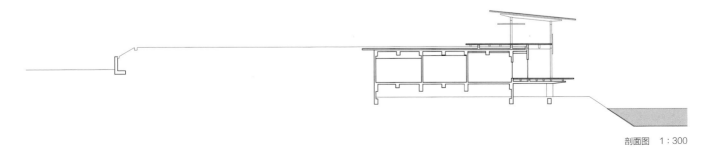

从停车场入口的角度看，这家餐馆迷惑性的低矮的轮
廓让这座建筑看起来似乎消失了。

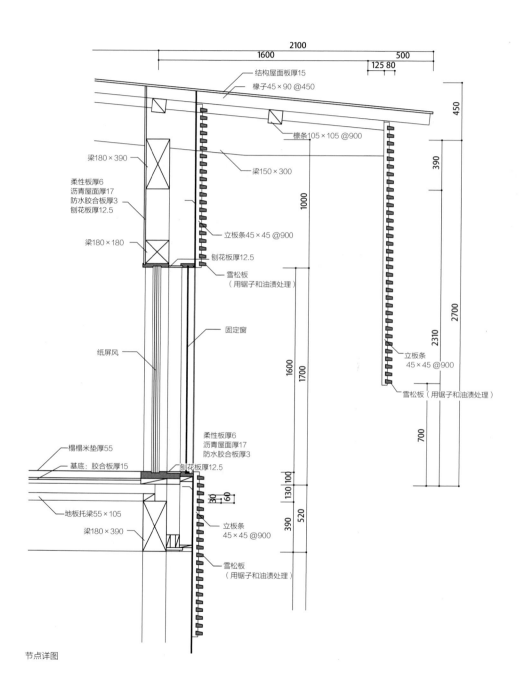

2100
1600
500
125 80

结构屋面板厚15
椽子45×90 @450

梁180×390

柔性板厚6
沥青屋面厚17
防水胶合板厚3
刨花板厚12.5

梁180×180

固定窗

纸屏风

榻榻米垫厚55
基底：胶合板厚15

地板托梁55×105

梁180×390

檩条105×105 @900

梁150×300

立板条45×45 @900

刨花板厚12.5

雪松板
（用锯子和油渍处理）

柔性板厚6
沥青屋面厚17
防水胶合板厚3

刨花板厚12.5

立板条
45×45 @900

雪松板
（用锯子和油渍处理）

立板条
45×45 @900

雪松板（用锯子和油渍处理）

450
390
1000
1600 1700
130 100
30 60
390 520
700
2310 2700

节点详图

右页图：结合使用两种不同间隔的木制百叶窗，对室
内空间的照明进行灵活控制。

44

建筑被分成两部分，在它们之间形成一个开口。因此，建筑并不是作为
一个客体出现，而是作为周围风景的相框。

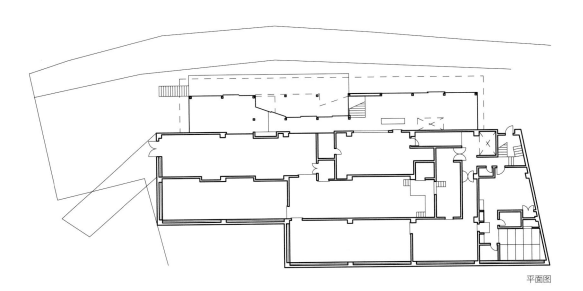

平面图

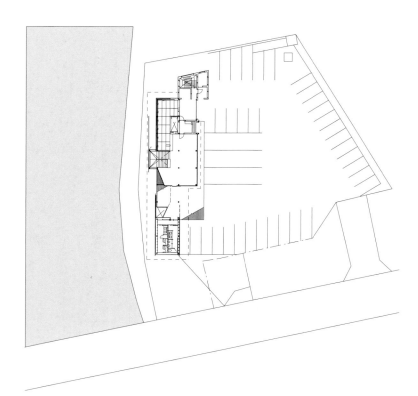

平面图 1:400

由和纸覆盖的百叶窗组成天花板，反映出外部百叶窗的节奏。

北上运河博物馆

日本宫城县石卷

　　这座"看不见"的博物馆坐落在北上川的河堤上，它不只是一个简单埋在地下的混凝土盒子，而是一条从河边散步道延伸出来的隧道形空间。次要元素，如扶手、屋顶悬挑和家具等，均由直径为16毫米的不锈钢管制成，以产生回响在整个空间中的单一节奏。这些钢管在建筑和自然之间进行调解和连接。

　　2011年3月11日，石卷市被地震和海啸摧毁。这座城市的三分之一已经被冲走了，我已经让自己接受博物馆也被冲走的可能性。灾难发生后的两个星期里，我无法通过电话和博物馆取得联系。万幸，这座建筑幸免于难。1米厚的地面垫层意味着生与死的区别。

建筑被掩埋在北上川的河堤里，因此，无论从河流还是城镇来看，该建筑的形象都被最小化了。

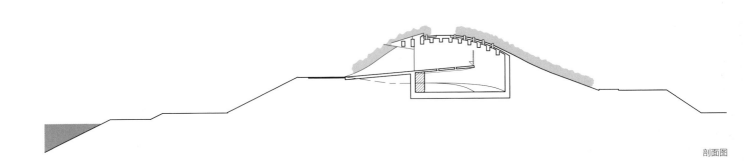

剖面图

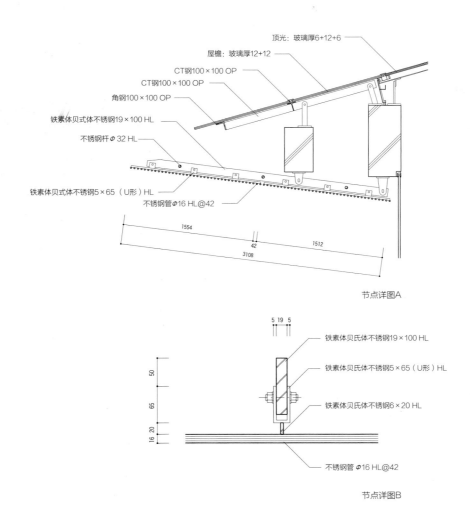

顶光：玻璃厚6+12+6

屋檐：玻璃厚12+12

CT钢100×100 OP

CT钢100×100 OP

角钢100×100 OP

铁素体贝式体不锈钢19×100 HL

不锈钢杆 ⌀32 HL

铁素体贝式体不锈钢5×65（U形）HL

不锈钢管 ⌀16 HL@42

1554

42

1512

3108

节点详图A

5 19 5

铁素体贝氏体不锈钢19×100 HL

铁素体贝氏体不锈钢5×65（U形）HL

铁素体贝氏体不锈钢6×20 HL

50

65

16 20

不锈钢管 ⌀16 HL@42

节点详图B

左页图：将混凝土梁夹在钢管制成的百叶窗之间，缓
解了结构框架的重量。

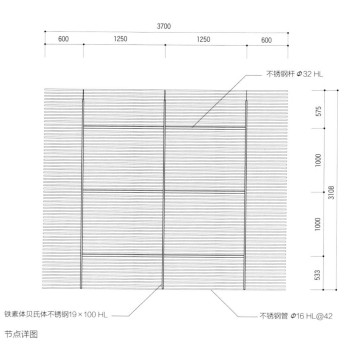

3700

600　1250　1250　600

不锈钢杆 φ32 HL

575

1000

3108

1000

533

铁素体贝氏体不锈钢19×100 HL

不锈钢管 φ16 HL@42

节点详图

为了平滑地连接地面上下的空间，我设计了一条逐渐下沉，然后像回旋镖一样再次升起的人行道。

家具和屋檐都包含42毫米不锈钢管序列的相同细节。

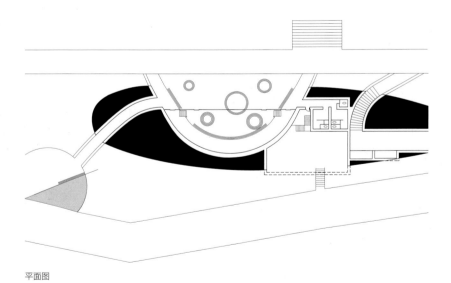

平面图

建筑的U形层被"回旋镖"人行道包围，由透明玻璃墙分隔，形成外部广场和内部大厅。玻璃墙也在5条圆形长凳之间延伸，其中一条长凳被分割成两半，进一步模糊了内外的界限。

N

北上川沿岸的散步道穿过建筑物的顶部，这表明建筑是为了促成景观的连续性，而不是将其分割开来。

总平面图

森林／地板

日本东部

对于这个坐落在森林中间的度假屋，我想到的不是"盒子"，而是漂浮在半空中的单层地板，并由屋顶保护。在日本，建筑传统上被定义为地板和屋顶，而不是在西方建筑中很常见的盒子，在地板和屋顶之间有一个自由和灵活的空间——这一定义也适用于该建筑。该建筑使用伞形结构，巨大的斜屋顶由两根柱子支撑，这样可以去掉周围的柱子并实现建筑的透明性，从而使地板看起来像是延伸到森林中。由于密斯风格的建筑使用了平屋顶，无法完全去掉周边的柱子，因此柱子是密斯·凡·德·罗建筑表达的中心。从这个意义上说，密斯是古典主义的真正继承人。

这个项目再一次证实了日本建筑中大屋顶能够实现的效果。坡屋顶的使用并不意味着要唤起人们的怀旧之情，而是一种面向未来的建筑词汇的选择，旨在于建筑和自然之间实现透明性和创造连续性。在一次日本之行中，丹麦建筑师约翰·伍重勾画了一个巨大的似乎漂浮在半空中的屋顶，他也意识到日本建筑的本质是屋顶及其底下的透明空间。这座建筑是对这一原则的当代诠释。

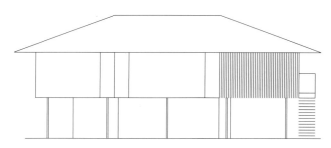

东立面图　　1 : 200

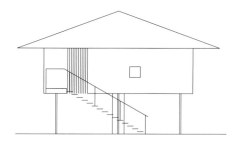

北立面图　　1 : 200

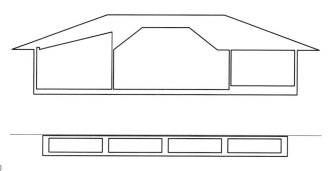

纵剖面图　　1 : 200

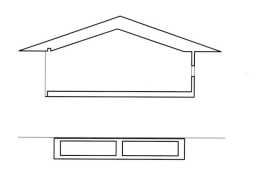

横剖面图　　1 : 200

右页图：混凝土结构似乎漂浮在半空中。直径75毫米的钢框架进一步
强调了建筑的轻盈，钢板边缘仅承受垂直载荷。

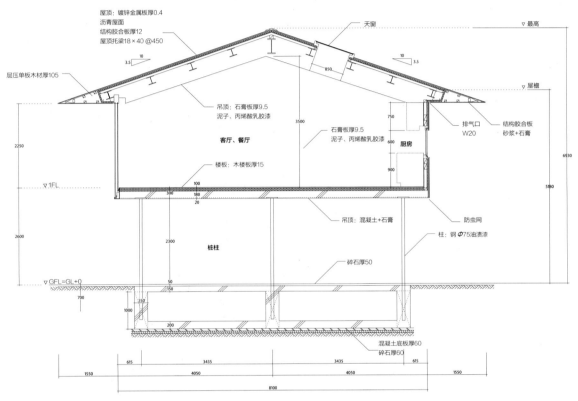

屋顶：镀锌金属板厚0.4
沥青屋面
结构胶合板厚12
屋顶托梁18×40 @450

天窗

▽ 最高

10
3.5

10
3.5

层压单板木材厚105

吊顶：石膏板厚9.5
泥子、丙烯酸乳胶漆

850

750

▽ 屋檐

排气口
W20

结构胶合板
砂浆+石膏

3500

石膏板厚9.5
泥子、丙烯酸乳胶漆

客厅、餐厅

600

厨房

2250

6930

楼板：木楼板厚15

900

5180

▽ 1FL

100
300 180
20

吊顶：混凝土+石膏

防虫网

2600

2300

桩柱

碎石厚50

柱：钢 ⌀75油漆漆

▽ GFL=GL+0

50

150

700

350

1000

200

混凝土底板厚60
碎石厚60

615
1550

3435
4050

3435
4050

615
1550

8100

剖面详图　1：50

左页图：将主楼层抬离地面，可以保护房间免受建筑
物所在地湿气的影响。

69

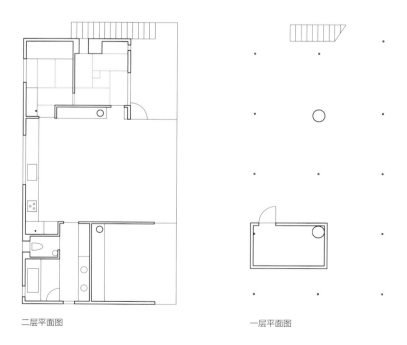

二层平面图   一层平面图

该结构似乎只有两个混凝土柱支撑，一根柱子露在外面（右），另一根柱子被墙包围（左）。

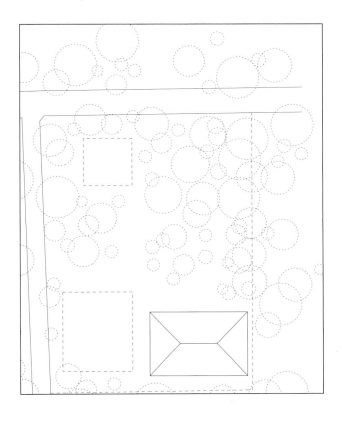

总平面图

Z58

中国上海

　　为了营造这个位于上海市中心的照明设备公司的办公室和陈列室，我们对建筑用地内的一栋四层厂房进行了翻修。一排排的不锈钢种植盒沿着正立面排列，在建筑和街道之间形成了一道屏风，保护它不受城市噪声的影响。不锈钢经过镜面处理，使建筑从街上看，似乎消失了，只留下一个垂直的绿色过滤器。一个由水池和铝制百叶窗组合而成的顶层套房被添加到建筑顶部，进一步模糊了建筑和室外环境之间的界限。

　　一道瀑布——水流过起肋玻璃——安装在绿屏后面。室内由绿植和水两个"过滤器"保护。当通过绿植过滤器时，游客可以直接看到前面的瀑布。在外墙上开一个洞，在洞的远端建第二道墙，以遮挡直视，是中国传统建筑中广泛使用的一种入口形式。在这个项目中，通过绿植和水两个独立的元素对这一中国传统建筑的入口形式给出了当代的解释。在喧闹的城市中，为人们提供一个远离外界噪声的安静绿洲，是这个绿植过滤器的目的之一。

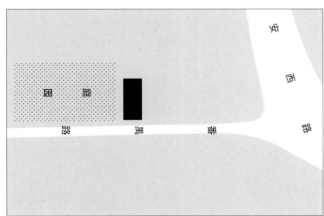

一排排的不锈钢镜面种植盒在建筑与城市的喧闹之间
起到了缓冲作用。

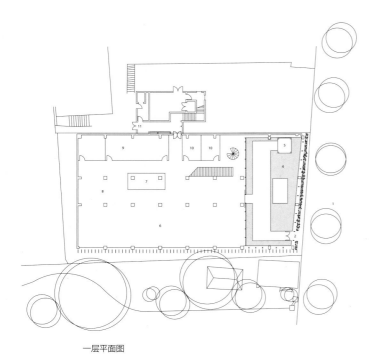

一层平面图

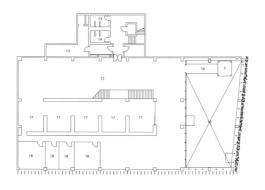

二层平面图

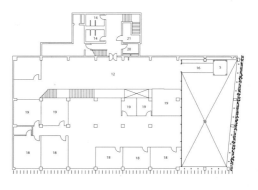

三层平面图

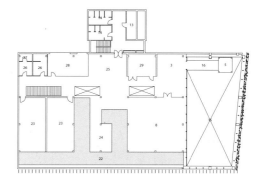

四层平面图

通过翻新这座前钟表厂的沿街正立面，将这类让人联想到沉闷房子的建筑改造成了一个透明的绿色盒子。

穿过绿色植物的屏风后，游客迎面看到瀑布。瀑布沿起肋玻璃泻下，玻璃经过精心的纹理处理，使水更容易在上面冒泡。

剖面图

图例

1.番禺路
2.藤百叶窗
3.中庭
4.瀑布
5.水池
6.办公室
7.陈列室

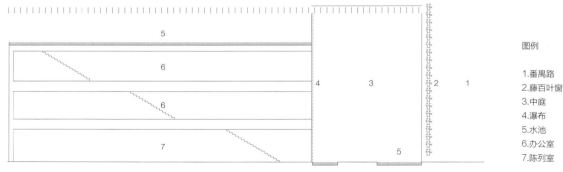

立面效果图

右页图：光线通过不锈钢种植盒过滤后进入建筑内部。

玻璃／木

美国康涅狄格州新迦南

在康涅狄格州新迦南郊外的树林中，距离美国建筑师菲利普·约翰逊设计的玻璃住宅（1949年）2千米，矗立着第二座玻璃住宅，这是建筑师乔·布莱克·利（Joe Black Leigh）在场地中央为自己设计的住宅的L形加建部分。我觉得，通过L形平面将空间部分封闭起来，会在树林中产生一种亲密的感觉。

建筑沿中轴线按线性排列是西方建筑的一个重要原则，而L形建筑的交错组合恰恰是日本传统建筑的固有特征。约翰逊在20世纪中叶设计的玻璃住宅在材料和规划上相当西化，相比之下，我试图通过日本的方法在森林中心创造一个私密、宁静的空间，这一点体现在项目规划和木材的大量使用中。

虽然旧建筑与新建筑共用一块地，但新建筑似乎"漂浮"在森林中。

老房子和新建筑被布置成一个L形的平面，这个想法来自野雁对角线飞行的模式，该模式常在日本花园中使用。新房子的屋顶由类似于垂木（taruki）的托梁支撑，这是日本传统建筑的一个结构组成部分。

WOO
GRA
BAM

第二章　木、草和竹

木是一种连接人类和大地的材料。它也将我们与天空相连——没有它，我们无法承受太阳的强光。此外，木将太阳能转化为人类能使用的资源和能量。与亚洲其他地区不同，日本人在这种最基本的材料旁边发展了自己的文化，并用这种最基本的材料建造了自己的城市。事实上，它一直是运行名为"日本"的软件的"操作系统"。它是日本人性格的基础。在第二次世界大战之前，日本建筑几乎全是木结构的。在我看来，石头、黏土和砖是中国和韩国建筑的常用材料；它们的重量和坚固性形成这些地方的文化基础。相比之下，木材是有机的、重量轻的。它不能像石头、黏土和砖那样用黏合剂整齐地连接在一起，而且它的尺寸是有限的。混凝土是这些重材料的延伸剂，由于其特性，可以使石头或砖形成一个连续的结构，这样的结构看起来具有威胁性、压倒性，相比之下，木头轻盈许多。相应的，日本文化也是一种对人类温和的文化。

森林中的能剧舞台

日本宫城县登米

　　能剧是日本戏剧的一种形式，起源于14世纪，原本在户外演出。然而，在20世纪，由于受美国建筑设计风格的影响，日本能剧的表演空间演变成了一系列混凝土"盒子"内的舞台装置，它偏爱空调并封闭每个空间。传统能剧舞台最重要的元素是"白洲"，这是一个由白色砾石填充的狭长地带，将舞台与观众分开。能剧中的人物通常是鬼魂或幽灵，而这条砾石强化了人们从日常生活中解脱的感觉。

　　我们的目标是将舞台恢复到自然的状态，将白洲设计成一个斜坡，从观众那里向下延伸到舞台上。斜坡下面的空间是一个小博物馆，用来展示面具和服装，游客可以在没有演出的时候去仔细看看。观众席上覆盖着榻榻米地板垫，也可用于会议和茶道仪式。通过这个项目，我希望创造一种新型的公共建筑，一种对自然和公众都开放的建筑。

观众座位面对表演舞台，在榻榻米垫子上。来自森林的
光和风在表演者和观众周围流动。

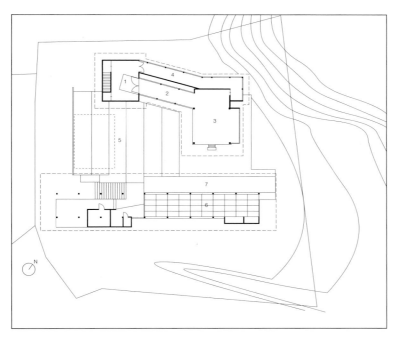

平面图

图例

1.更衣室
2.桥
3.舞台
4.通道
5.户外座位
6.室内座位
7.露台

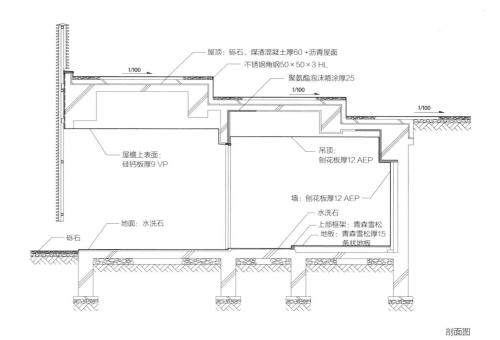

屋顶：砾石、煤渣混凝土厚60 +沥青屋面

不锈钢角钢50×50×3 HL

聚氨酯泡沫喷涂厚25

1/100

1/100

1/100

屋檐上表面：
硅钙板厚9 VP

吊顶：
刨花板厚12 AEP

墙：刨花板厚12 AEP

水洗石

地面：水洗石

上部框架：青森雪松

砾石

地板：青森雪松厚15
条状地板

剖面图

为了吸收建筑和周围森林所投下的阴影，这里的白洲
选择了黑色鹅卵石，而不是白色的。

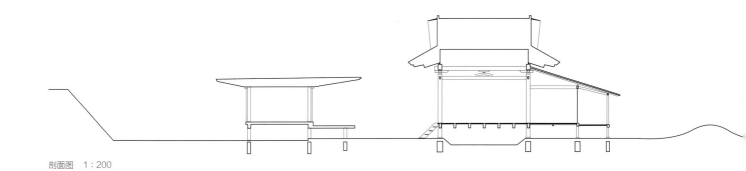

剖面图　1：200

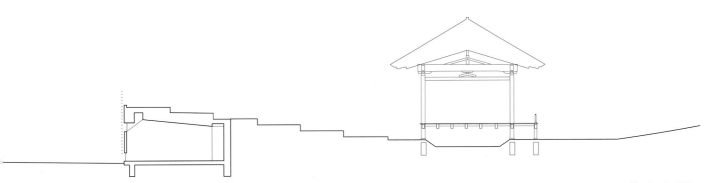

白洲一步步升起到舞台。下面是一个能剧艺术小
博物馆。

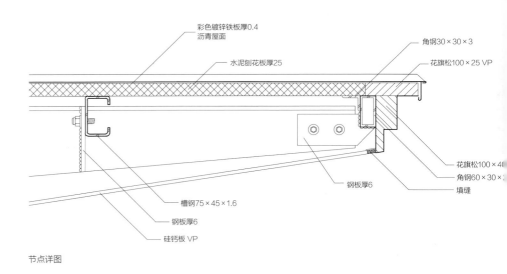

彩色镀锌铁板厚0.4
沥青屋面

水泥刨花板厚25

角钢30×30×3

花旗松100×25 VP

花旗松100×40

角钢60×30×

填缝

钢板厚6

槽钢75×45×1.6

钢板厚6

硅钙板 VP

节点详图

观众座位周围是由20块玻璃组成的滑动装置，在演出期间向森林敞开。

透过木制百叶窗，可以看到更衣室（kagami-no-ma）。

结构与竹林的互补作用有助于减少建筑对景观的影响。

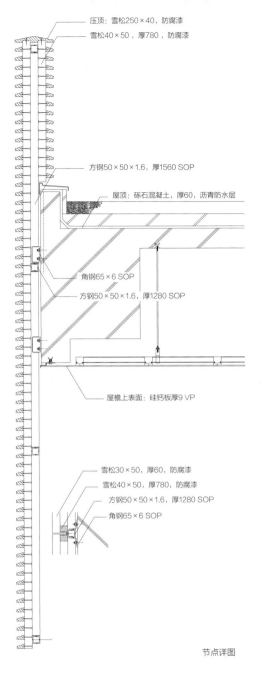

压顶：雪松250×40，防腐漆
雪松40×50，厚780，防腐漆

方钢50×50×1.6，厚1560 SOP
屋顶：砾石混凝土，厚60，沥青防水层

角钢65×6 SOP
方钢50×50×1.6，厚1280 SOP

屋檐上表面：硅钙板厚9 VP

雪松30×50，厚60，防腐漆
雪松40×50，厚780，防腐漆
方钢50×50×1.6，厚1280 SOP
角钢65×6 SOP

节点详图

透过建筑物木制百叶窗能看到的舞台上的灯光。

长城脚下的竹屋

中国北京

　　这是一座中国长城脚下的别墅，起伏的地势没有被修整，建筑的底部弯曲以适应这些起伏。虽然现代建筑一般是在平整的地面上建造的自治性客体，但是竹屋的建造方法与建造长城时所采用的方法相似，既不破坏地形，也不违抗自然。

　　结构的钢框架隐藏在直径为60毫米的竹杖中，使空间给人一种置身竹林的感觉。建筑分为两个区块，南侧有一个滑动屏风，用来调节光线。两个区块之间有一个水池，上面有一个半室外的茶室，看起来像漂浮在水面上。利用建筑中心的空隙连接建筑和自然的技术也用于那珂川町马头广重美术馆（第117页）以及维多利亚和阿尔伯特博物馆·邓迪分馆（第337页）。

　　对中国人和日本人来说，竹子象征着从城市的某种解脱。他们熟悉竹林的概念，在许多小孩的童话和寓言中，竹林具有神奇的效果，他们相信在竹林中可以远离城市生活的烦恼。这个项目的目的是以建筑来表达这种信仰和竹林超脱尘俗的特点。

该用地距最近的长城300米。建筑的底部设计贴合起伏地势的自然形态。

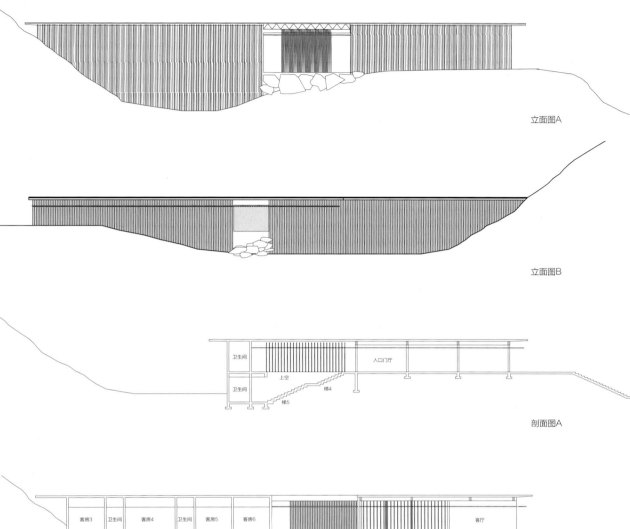

立面图A

立面图B

卫生间　上空　入口门厅　梯4　梯5

剖面图A

客房3　卫生间　客房4　卫生间　客房5　客房6　餐厅　客厅
储藏室　司机等候　员工等候　客房1　客房2　泵房　餐厅

剖面图B

该建筑分为两部分，两个部分之间有一个水池，水池上有一个看起来像漂浮在水面上的茶室。茶室与房子的其他部分不相连，像是一个舞台或神圣的空间，与日常生活完全分离。

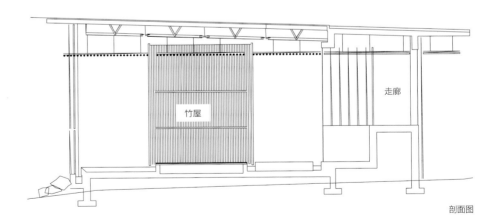

走廊

竹屋

剖面图

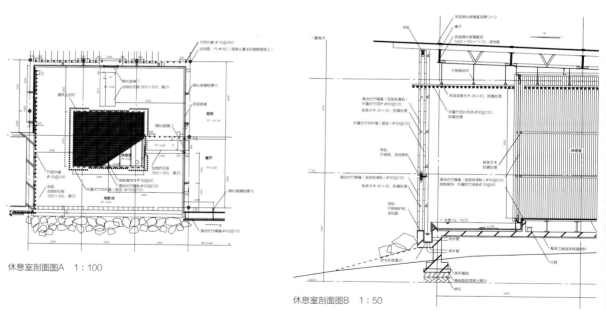

休息室剖面图A　1：100

休息室剖面图B　1：50

建筑南侧的滑动竹屏风控制着光照，降低了能耗。

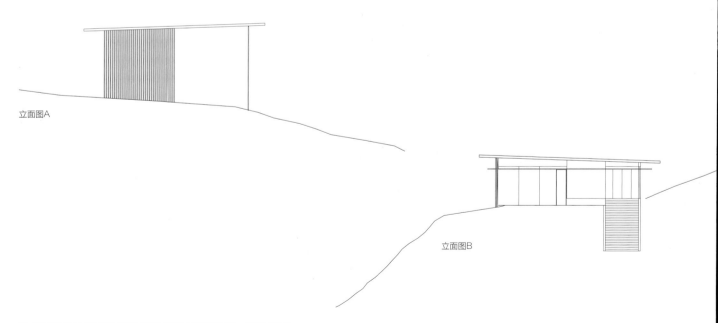

立面图A

立面图B

构成屏风的竹制百叶窗以120毫米的间距排列。这种模式
在建筑物内外重复出现。

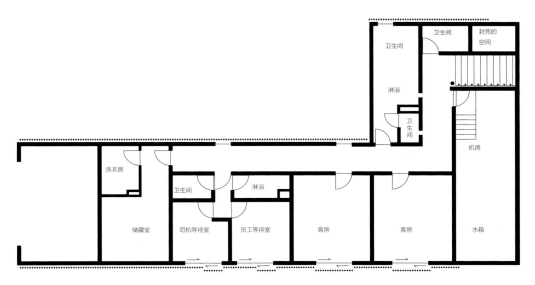

平面图

黑色石板地砖的设计灵感来自北京古老的颐和园里的地砖。

那珂川町马头广重美术馆

日本栃木县那须

在这个展示江户时代浮世绘艺术家安藤广重（1797—1858年）作品的艺术博物馆里，我决定将广重在其木版版画中创造的独特空间进行转化，融入建筑中，其中三维空间通过重叠的透明层来表达。这一方法与西方艺术中阿尔伯蒂透视法大相径庭，它对画家文森特·凡·高和建筑师弗兰克·劳埃德·赖特都产生了很大的影响。前者临摹了安藤广重的两幅作品，后者是广重作品的收藏家，并从广重的作品中学习了空间的透明性和连续性。在这里，通过使用以当地生长的雪松为原料制成的百叶窗，我把广重的叠加法进行转化，融入建筑中。这些百叶窗也深受艺术家描绘雨水方式的启发，广重以直线描绘雨水，雨在画面中构成了一个层次，在这个层次后面叠加的是大桥、河面、对岸，几个层次彼此重叠——这是凡·高所处时代的西方绘画中不存在的一种原始技术。当时西方绘画中，人造物体（如建筑物）有意地与自然现象（包括雨水、薄雾、浓雾等）形成对比，通过油画或素描，用硬的、直的线条，把前者处理成几何物体，而对后者进行比较模糊地渲染。

这种认为自然和物体不是对立的元素，而是连续环境中不同部分的观点，隐含在广重的二维技术中。在我看来，他的直线雨象征着这个非常有日本特色的概念，我把绘画中的雨转化为雪松百叶窗。我对木材进行处理，使其能够防火、防腐，也能用作屋顶材料。我试图通过利用当地的其他天然材料，如石头、和纸（一种由植物纤维制成的纸），将建筑和场所叠加在一起。

该建筑的主要细节是使用截面为30毫米×60毫米的雪松条，以120毫米的间距排列成百叶窗，在墙壁、天花板和屋顶进行重复。

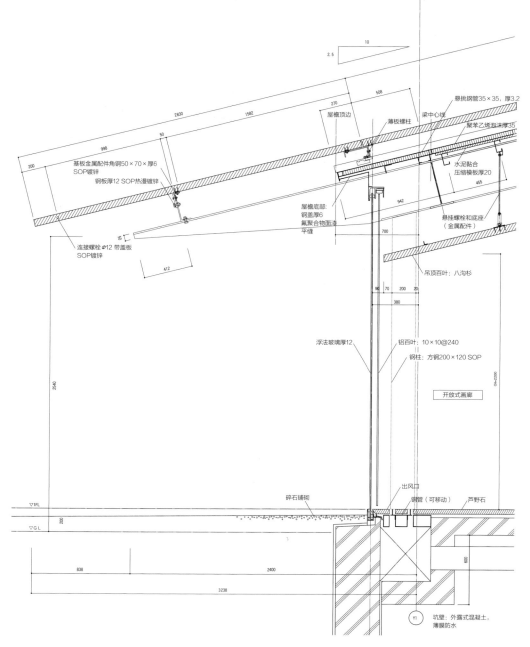

悬挑钢管35×35，厚3.2

聚苯乙烯泡沫厚35

屋檐顶边

薄板螺柱

梁中心线

水泥黏合
压缩模板厚20

基板金属配件角钢50×70×厚6
SOP镀锌

钢板厚12 SOP热浸镀锌

屋檐底部：
钢盖板厚6：
氟聚合物面漆
平缝

悬挂螺栓和底座
（金属配件）

连接螺栓 φ12 带盖板
SOP镀锌

吊顶百叶：八沟杉

浮法玻璃厚12

铝百叶：10×10@240

钢柱：方钢200×120 SOP

开放式画廊

碎石铺砌

出风口

钢管（可移动）

芦野石

▽1FL

▽GL

Y1   坑壁：外露式混凝土，
薄膜防水

剖面详图   1：20

天花板和屋顶的雪松百叶窗将钢梁夹在中间。

屋顶的形状是一个简单的三角形山墙，屋檐向下延伸，遮住了墙。

建筑物内部的隔断由和纸制成，日光透过它可以到达房间远处的角落。
根据谷崎润一郎在他的著作《阴翳礼赞》中概述的原则，这里试图恢复
光在建筑中的传统使用。

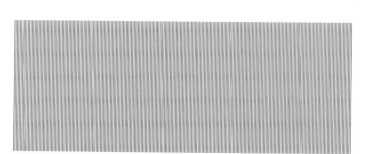

屋顶百叶窗：八沟杉60×30@120

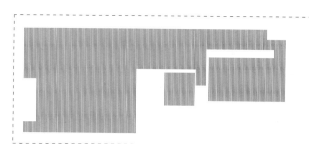

天花板百叶窗：八沟杉60×30@120

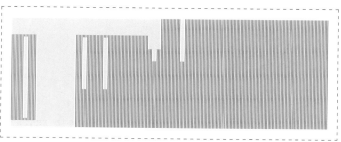

屋顶（天窗和直立缝连接组件）

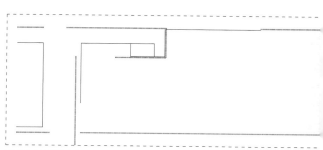

垂直玻璃和墙百叶窗

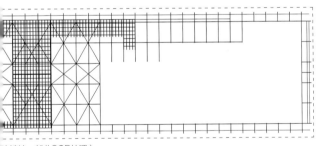

热镀锌，部分SOP处理）

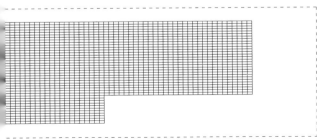

芦野石）

两个体量存在于一个大屋顶下，空隙的功能是
连接外面的城镇和山岭。

高柳社区中心

日本新潟县柏崎

这是一个被稻田包围的、由茅草屋顶房屋组成的农村社区中心，我在传统屋顶下建造了一个柔软的茧状空间，尽可能地放弃了20世纪日本的工业产品，包括玻璃、铝窗框，仅仅使用和纸将室内和室外分开。在工业化前的日本房屋设计中，使用和纸来形成这一边界是一项基本技能。日本第一家平板玻璃厂成立于1906年，在此之前，只有一张薄薄的和纸可以保护房屋的内部空间，使其免受日本频繁降雨、夏季炎热和冬季寒冷的气候影响，但因房屋具有深悬挑、百叶窗等建筑元素，住起来依然很舒适。日本建筑试图通过多层次多角度的设计来解决气候问题，与西方建筑企图通过一堵厚墙来解决这些问题形成了鲜明的对比。

我用和纸来包裹所有的室内元素，包括地板和墙壁，用魔芋和柿漆防水的传统方式，以使空间看起来尽可能的柔软、温和。第二次世界大战期间，日本军队制造的"气球炸弹"，就是由生活在高柳的工匠小林康生用类似处理过的和纸制成。如今，手工制作和纸所用的材料一般都是从中国或泰国进口的，但是小林仍然以旧的方式用日本植物楮树（kouzo）的长纤维来制作和纸。这些楮树种植在他工作室的花园里。

外部覆盖着和纸，用魔芋和柿漆防水。茅草屋顶的屋檐出挑超出平均长度1.5米，以保护其免受天气影响。

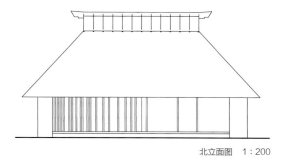

东立面图　1：200

北立面图　1：200

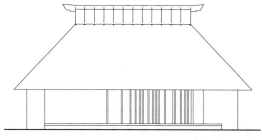

西立面图　1：200

南立面图　1：200

稻田一直延伸到建筑物的边缘，给人一种建筑漂浮在
绿色海洋上的感觉。

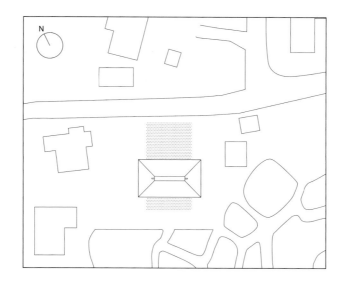

总平面图

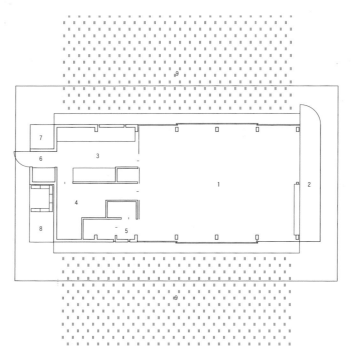

平面图

图例

1.集会大厅
2.土地面房间
3.厨房
4.储藏间
5.化妆室
6.服务入口
7.卷帘门的存放空间
8.外部机房
9.稻田

室内的地板和横梁也被和纸覆盖，给游客一种被茧包
裹的感觉。

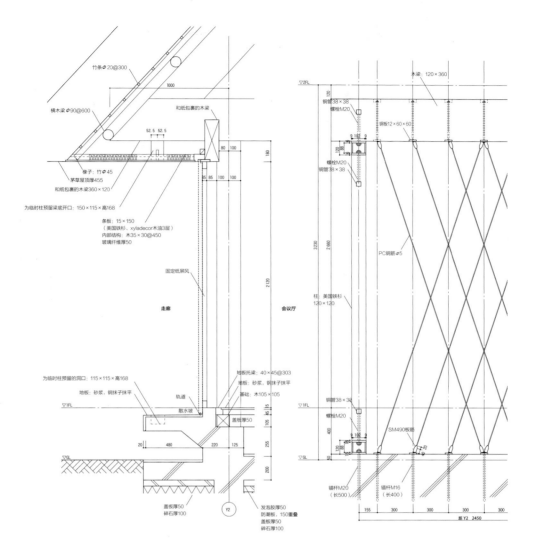

竹条ϕ20@300

1000

楠木梁ϕ90@600

和纸包裹的木梁

52.5 52.5

80 100

椽子：竹ϕ45

茅草屋顶厚455

85 85 100 100

和纸包裹的木梁360×120

180

为临时柱预留梁底开口：150×115×高168

条板：15×150
（美国铁杉、xyladecor木油3层）
内部结构：木35×30@450
玻璃纤维厚50

2120

固定纸屏风

走廊

会议厅

为临时柱预留的洞口：115×115×高168

地板托梁：40×45@303
地板：砂浆、钢抹子抹平
基础：木105×105

地板：砂浆、钢抹子抹平

轨道

▽1FL

散水坡

▽1FL

盖板厚50

15 45 105 255

20 480 220 125

▽GL

200

盖板厚50
碎石厚100

Y2

发泡胶厚50
防潮板，150重叠
盖板厚50
碎石厚100

外走廊剖面详图 1：20

▽2FL

木梁：120×360

120

钢管38×38

螺栓M20

钢板12×60×60

120

螺栓M20
钢管38×38

柱：美国铁杉
120×120

3230 2660

PC钢筋ϕ5

钢管38×38

▽1FL

螺栓M20

SM490板筋

20

▽GL

400

锚杆M20
（长500）

锚杆M16
（长400）

155 300 300 300 300

距Y2 2450

支撑区域剖面详图 1：20

在日本，木结构中使用的托架通常也由木材制成。然而，这里的托架
是由直径5毫米的钢筋制成的，这些钢筋被编织在一起以强调空间的
透明性。

直到19世纪玻璃才在日本被广泛使用，此前一直用和纸来分隔内外。
该建筑旨在恢复这种技艺。

晚上，这座建筑像灯笼一样飘浮在稻田上。

银山温泉浴室

日本山形县尾花泽

日本传统窗棂（muso koshi）是民居的一个常规特征，室内光线和通风由两个滑动的垂直百叶窗来调节，窗棂是在窗框或玻璃出现之前控制室内外关系的常用装置。在一个四季分明的国家，这种可调节装置是非常实用的。

这间位于银山温泉"热泉"区域的浴室使用了这项技术，以对室内环境进行精确控制。这种精确控制很有必要，因为场地非常小，不可能从街道向后退让。木质的滑动百叶窗和半透明的亚克力使创造不同的室内环境成为可能，尤其半透明的亚克力使光线的效果比传统的日本窗棂更为微妙。像和纸一样的半透明材料，在日本被用来将自然光引入室内空间。谷崎润一郎在《阴翳礼赞》中写到他对这种效果的欣赏。这个项目代表着新旧的融合。

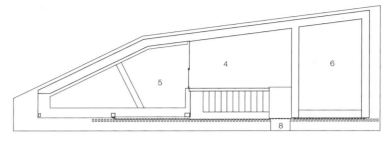

二层平面图

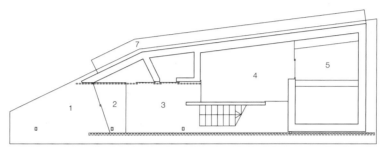

一层平面图

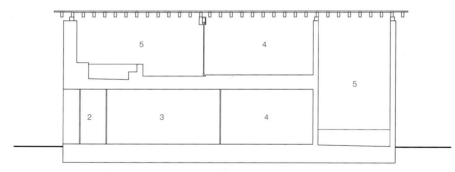

剖面图

图例

1.底层架空柱
2.入口
3.等候室
4.更衣室
5.浴室
6.上空
7.融雪室
8.观景露台

浴室是一个半开放的空间，顶部是一个简单的屋顶。前面的可移动屏风
用来调节室内外的联系。

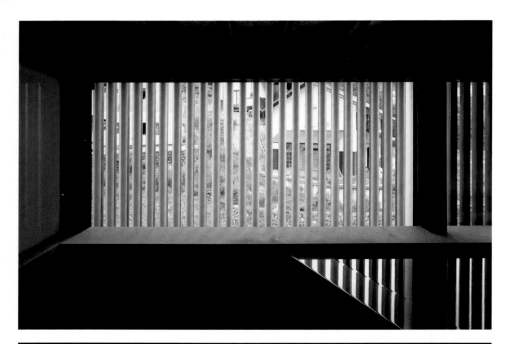

滑动屏风——一个是木制的，另一个是磨砂亚克力的——用来控制光线和通风。

总平面图

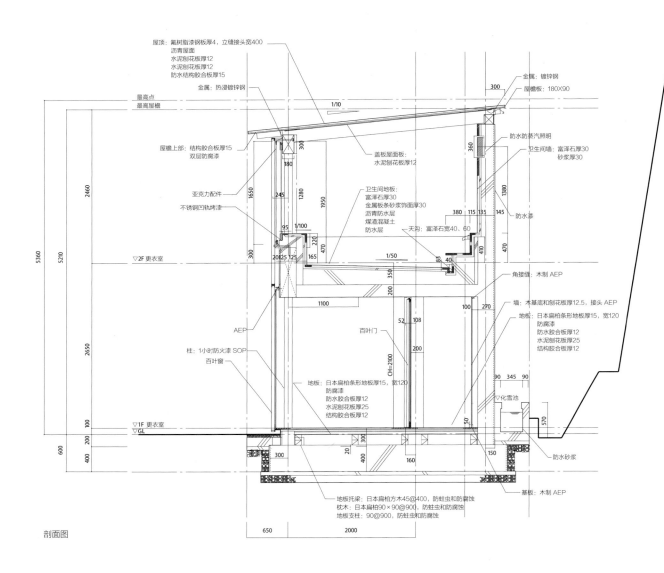

屋顶：氟树脂漆钢板厚4，立缝接头宽400
沥青屋面
水泥刨花板厚12
水泥刨花板厚12
防水结构胶合板厚15

金属：镀锌钢
屋檐板：180X90

金属：热浸镀锌钢

最高点
最高屋檐

1/10

300

屋檐上部：结构胶合板厚15
双层防腐漆

盖板屋面板：
水泥刨花板厚12

防水防蒸汽照明

卫生间墙：富泽石厚30
砂浆厚30

亚克力配件

卫生间地板：
富泽石厚30
金属板条砂浆饰面厚30
沥青防水层
煤渣混凝土
防水层

不锈钢凹轨烤漆

天沟：富泽石宽40、60

防水漆

2460

1650
245
1280
1950

300
95   1/100

▽2F 更衣室

20 125 125

220
165   470

380 115 135   145

83
40
410   470

角接缝：木制 AEP

1/50

1100

350
200

墙：木基底和刨花板厚12.5，接头 AEP

AEP

200

100   270

地板：日本扁柏条形地板厚15，宽120
防腐漆
防水胶合板厚12
水泥刨花板厚25
结构胶合板厚12

柱：1小时防火漆 SOP

百叶门

52 108

2650

200

百叶窗

CH=2100

地板：日本扁柏条形地板厚15，宽120
防腐漆
防水胶合板厚12
水泥刨花板厚25
结构胶合板厚12

90 345 90

▽化雪池

▽1F 更衣室
▽GL

100

5360   5210

600

200
400

20
300
400

160

50

150

570

防水砂浆

300

剖面图

650

2000

地板托梁：日本扁柏方木45@400，防蛀虫和防腐蚀
枕木：日本扁柏90×90@900，防蛀虫和防腐蚀
地板支柱：90@900，防蛀虫和防腐蚀

基板：木制 AEP

右页图：由于该地区的客栈和便利设施集中在一起，使得场地没有足够
的深度，因此，层层叠叠的屏风被用来在有限的空间中创造纵深感。

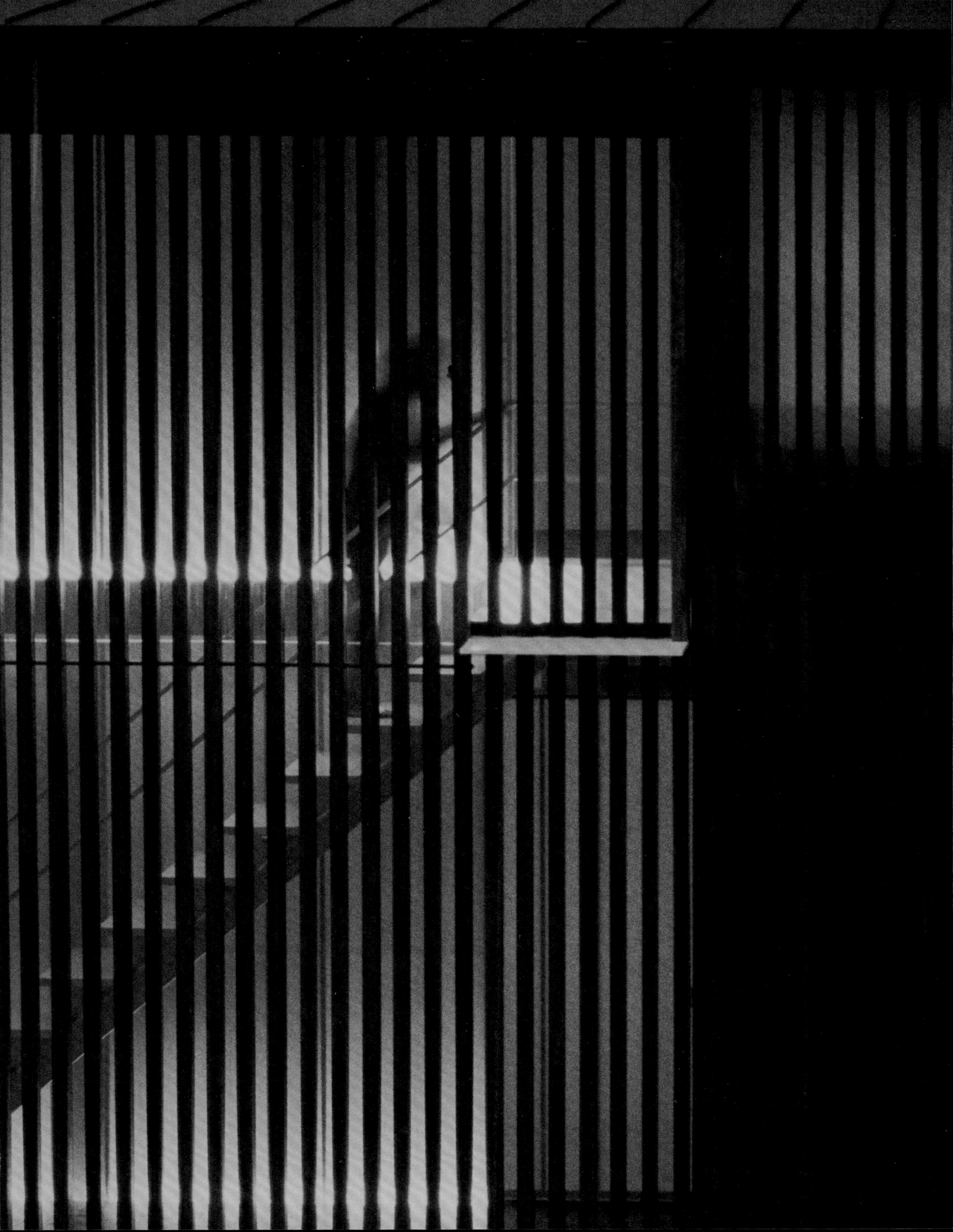

这两扇推拉门是基于日本古代的一种技术开发的。在玻璃从西方传入之前，这种推拉门是日本普通住宅设计中的一个共同特点。

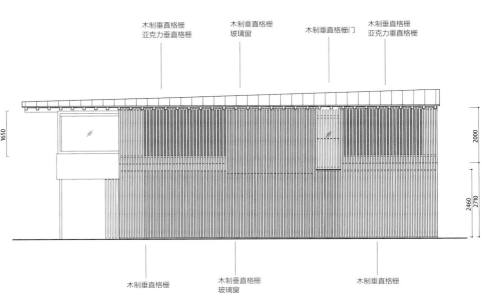

木制垂直格栅
亚克力垂直格栅　　　　木制垂直格栅
　　　　　　　　　　　玻璃窗　　　　　木制垂直格栅门　　木制垂直格栅
　　　　　　　　　　　　　　　　　　　　　　　　　　　　　亚克力垂直格栅

1650　　　　　　　　　　　　　　　　　　　　　　　　　　　　　　　　2000

　　　　　　　　　　　　　　　　　　　　　　　　　　　　　　　　　　2460
　　　　　　　　　　　　　　　　　　　　　　　　　　　　　　　　　　2710

木制垂直格栅　　　木制垂直格栅　　　　　　　　木制垂直格栅
　　　　　　　　　玻璃窗

立面图

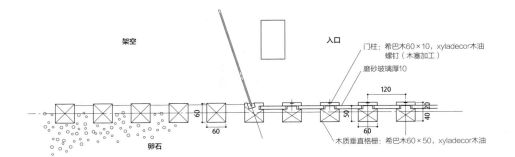

架空

入口

门柱：希巴木60×10，xyladecor木油
螺钉（木塞加工）

磨砂玻璃厚10

120

60

50

40

20

卵石

木质垂直格栅：希巴木60×50，xyladecor木油

平面详图A　1：10

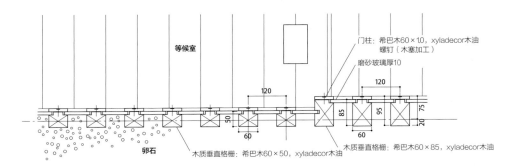

等候室

门柱：希巴木60×10，xyladecor木油
螺钉（木塞加工）

磨砂玻璃厚10

120

85

95

75

60

50

20

卵石

木质垂直格栅：希巴木60×50，xyladecor木油

木质垂直格栅：希巴木60×85，xyladecor木油

平面详图B　1：10

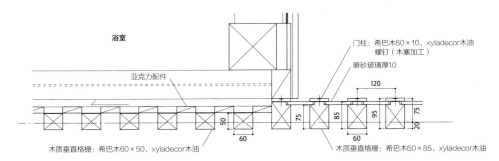

浴室

亚克力配件

门柱：希巴木60×10，xyladecor木油
螺钉（木塞加工）

磨砂玻璃厚10

120

75

85

95

75

60

50

20

木质垂直格栅：希巴木60×50，xyladecor木油

木质垂直格栅：希巴木60×85，xyladecor木油

平面详图C　1：10

右页图：磨砂亚克力屏风制造的室内照明效果与传统
的和纸相同。

银山温泉藤屋旅馆

日本山形县尾花泽

这个项目是山谷底部的一个水疗中心和旅馆，深藏在积雪覆盖的乡村。由于建筑用地稀缺，这里发展出了建造三层和四层木质建筑所需的技术。根据日本现行的建筑法规，三层及以上的木结构建筑受到了限制。混凝土和钢结构建筑在城市中越来越多，导致了低层木结构建筑形成的美丽传统城镇景观的丧失。因为我是在重建一座历史建筑，所以获得了特别许可，可以用木头建造一座四层楼的建筑。通过运用现代技术来建造这种多层的木结构建筑是相当可行的，我希望将来能通过木结构建筑，帮助日本的城镇景观恢复过去的精致尺度。

在这里，旅馆的原始结构已经衰朽，我回收可用的材料，像一百年前那样重建正立面。室内空间用4毫米宽的竹子以传统屏风（sudare mushiko）的形式优雅地隔开。这些屏风的外观很柔和，其作用类似百叶窗或窗帘。在外侧的开口处使用了绿色的、几乎透明的染色玻璃板。这些精致的屏风实现了介于透明和不透明之间的品质，使室内充满了柔和的光线和阴影。在里面，一个人的身体被光和空间治愈，就像被温泉本身治愈一样。

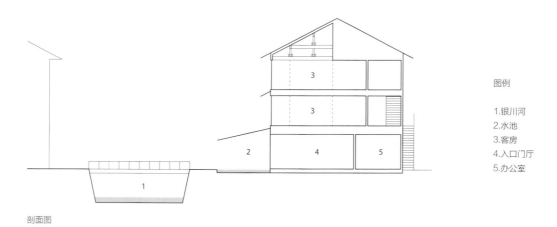

剖面图

图例

1.银川河
2.水池
3.客房
4.入口门厅
5.办公室

入口大厅以石田志达制作的染色玻璃板与室外隔开。

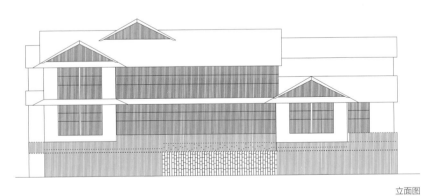

立面图

游客从建筑物内观看长廊时，会体验到不同密度的多层屏风。

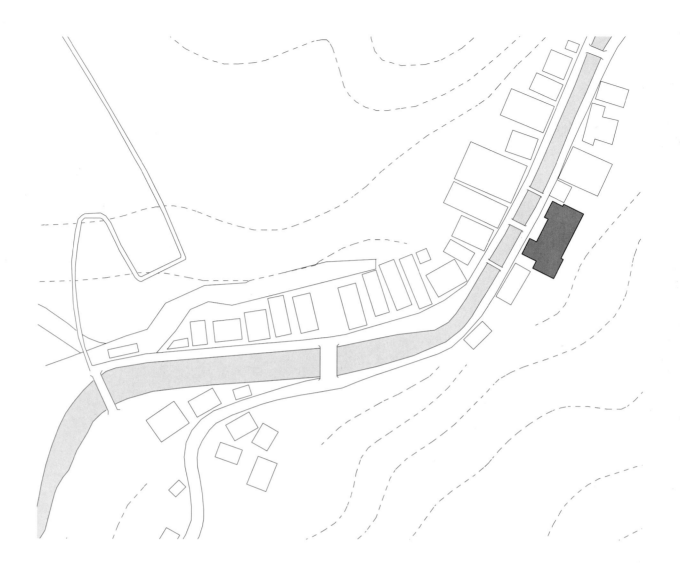

总平面图

银山温泉的"热泉"区域坐落在深谷的底部，众多客栈紧密相连。由于每块建筑用地都很小，出现了三到四层楼的木结构，这种景象在日本其他地方很少见到。

三层平面图

二层平面图

一层平面图

图例

1.水池
2.入口
3.咖啡店
4.入口大厅
5.休息室
6.办公室
7.电梯
8.厨房
9.员工区
10.更衣室
11.浴室
12.客房
13.餐厅
14.外走廊
15.展览空间
16.茶水间

右页图：竹屏风有助于控制光线和视野。竹子被劈成4毫米宽的竹条，
竹条都用钉子固定在木制框架上。

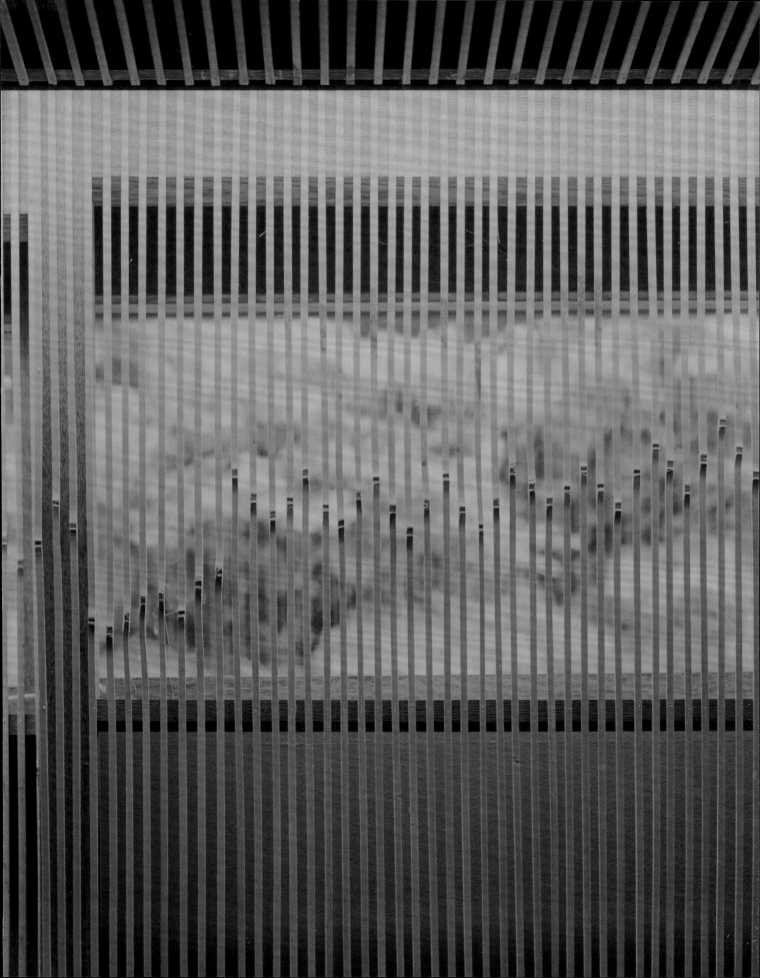

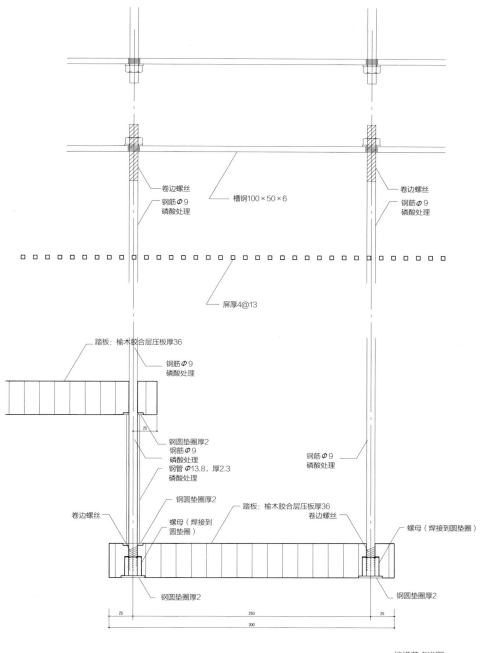

卷边螺丝

钢筋∅9
磷酸处理

槽钢100×50×6

卷边螺丝

钢筋∅9
磷酸处理

屏厚4@13

踏板：榆木胶合层压板厚36

钢筋∅9
磷酸处理

25

钢圆垫圈厚2
钢筋∅9
磷酸处理

钢管∅13.8，厚2.3
磷酸处理

钢筋∅9
磷酸处理

钢圆垫圈厚2

卷边螺丝

螺母（焊接到
圆垫圈）

踏板：榆木胶合层压板厚36

卷边螺丝

螺母（焊接到圆垫圈）

钢圆垫圈厚2

钢圆垫圈厚2

25   250   25

300

楼梯节点详图

左页图：为了增强漂浮的感觉，楼梯从上面用直径为9毫米的钢筋悬挂，而不是由梁支撑。

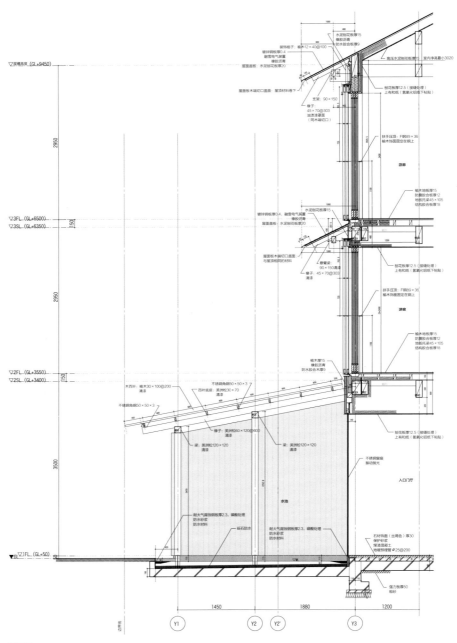

剖面图

右页图：沿河两岸，许多客栈彼此直接相对，为确保隐私和视野最大化，格栅以不同的密度分层。

梼原町市政厅

日本高知县高冈梼原町

这个木制的市政厅是为依赖林业的市政府设计的。建筑中心的中庭是室内化的城镇广场，有一个银行、一个农业合作社和面向中庭的服务窗口。一扇用在飞机库中都不离谱的巨型门，将中庭与室外隔开；从4月到10月，这扇门打开，办公空间的空调关闭。太阳能电池板覆盖了整个屋顶，地下室安装了"冷却管"，以减少能耗。

在中庭，安装了一个小型可移动的舞台，用于神乐（一种日本民间传统表演艺术），在地板下装有滚轮。这个舞台是可移动的，这使得神乐可以在整个城市的不同地点演出，加强日本城镇和村庄的社区意识。在这里安装舞台的决定是出于通过表演重新唤起社区意识的愿望，而这种社区意识由于电视、互联网和现代社会的其他干扰而丧失。

左页图：木梁的大量使用，使得室内既有大跨度又有透明度。屋顶的悬臂由咬接的梁支撑，这一想法源于日本传统的木制建筑。

一扇巨大的折叠门安装在建筑物的正面，这是一种经常用于飞机库的技术。这扇门半年都开着，使市政厅更具可达性。木板和玻璃板的混合为这座建筑增添了一种人的尺度。

村井正诚纪念艺术博物馆

日本东京世田谷

　　这座私人博物馆是为纪念日本现代主义绘画的先驱村井正诚（1905—1999年）而建，它是由20世纪40年代村井正诚在东京的一个居民区建造的一座木屋改造而成的。改造的基本思想是在一个盒子里创造另一个盒子。村井正诚用作画室的小房间被原封不动地保留了下来，并且装在了第二个更大的盒子里，两个盒子之间的空隙形成了展览空间。日本人经常使用这种盒子套盒子的组合，这项技艺与东北部地区传统的小木偶（kokeshi）娃娃相呼应；嵌套的想法被带到了俄罗斯，在那里发展成了著名的套娃。这座建筑的空间组织旨在为中央画室注入一种神圣的特质。从被拆除房屋的外墙上取下的木板被用作了外面一层盒子外墙上的百叶窗。

　　在日本宗教空间中，人们经常用架在水体上的桥来表示从世俗世界到精神世界的转变。例如，在日本最重要的神道教圣地伊势神社，信徒们通过走过五十铃河上的御裳桥，脱离世俗，奔向神圣。在这个项目中，我试图通过在入口处创建一个水池，将现在和过去联系起来。水池里放了一辆20世纪50年代的丰田皇冠，它曾经属于村井正诚。汽车会逐渐在水中锈烂：存在的一切都会变化和腐烂。美丽的老化是建筑的主题。

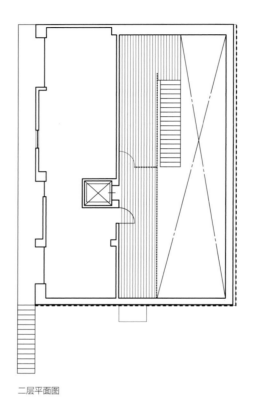

二层平面图

位于村井正诚故居的博物馆在设计上原样保留了艺术家的画室，并在其周围"包裹"了一个新的建筑。

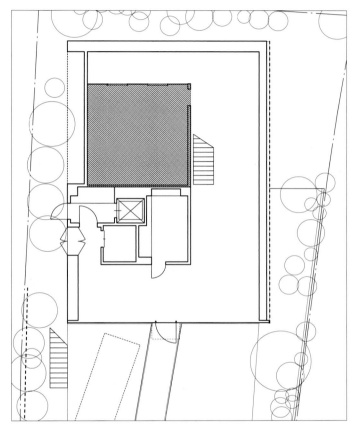

一层平面图

游客从房子前面两个水池之间的通道进入大楼。这辆车是艺术家的,在把它留在现在的位置以前,他开了很多年。

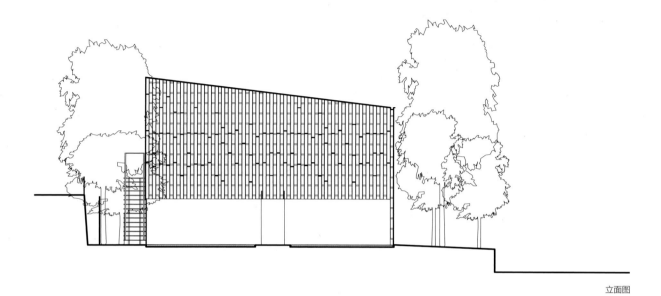

立面图

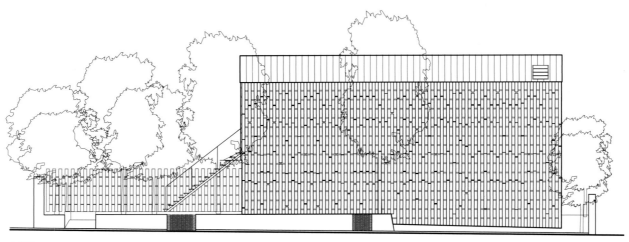

立面图

右页图：原来的房子建造于20世纪50年代，采用了前现代、前工业化的方法，保留了木材的形状和纹理。旧房子的材料被重复用于新建筑的外部。

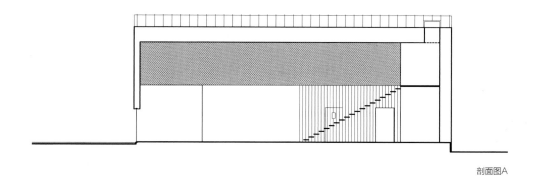

剖面图A

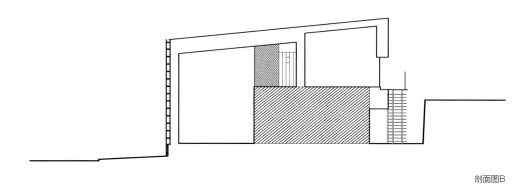

剖面图B

左页图：画廊的空间是由旧画室和新建盒子之间的空隙形成的，楼梯左
侧的墙是画室的外部。当管道和煤气表在整修过程中从墙上拆下时，一
个与它前面的绘画完全相同的构图出现了。

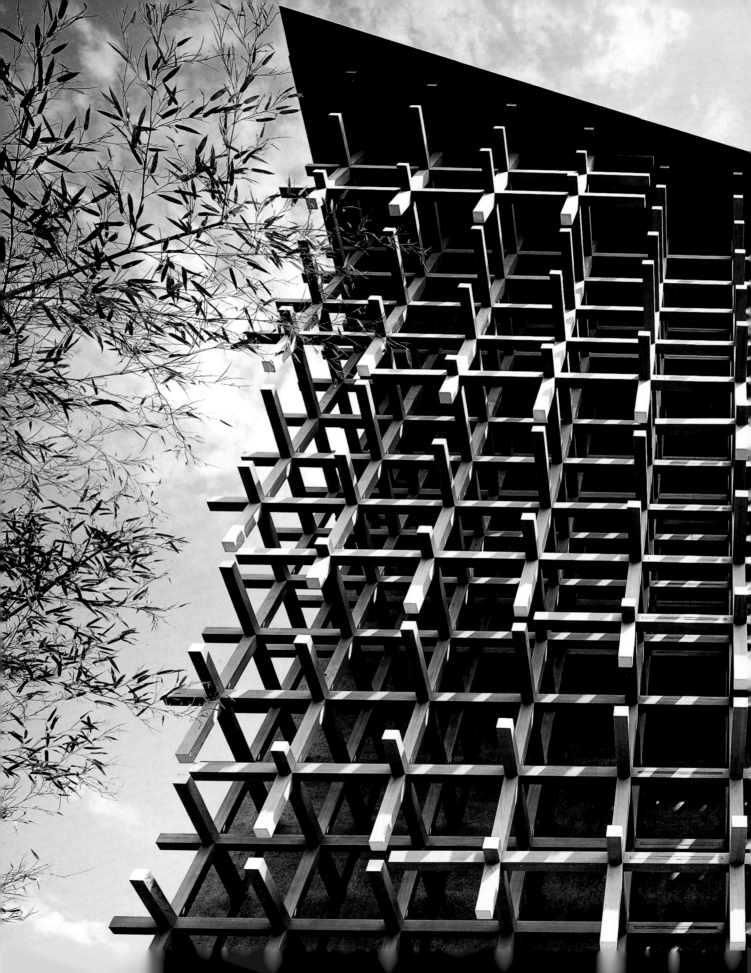

GC齿科博物馆研究中心

日本爱知县春日井

千鸟格（cidori）是一种连接系统，是飞騨高山（Hida Takayama）镇传统的木制玩具，连接组件的3根木棍定位在3个不同方向并通过扭转连接于一点，不需要钉子或黏合剂。在本项目中，该连接组件创建了一个由横截面为60毫米×60毫米的木质构件制成的三维格子，用于支撑建筑。不依赖钉子或黏合剂的连接组件系统在日本持续发展。由于金属容易生锈，而且日本降雨频繁且湿度高，使用金属的连接组件系统不太可靠。

千鸟格系统在建筑中的应用并不多，因为它涉及相当大的横截面切割。但是，这个结构问题可以通过使用攀登架般的格子建造一堵厚墙来解决。在这座建筑内，三维格子也可以作为博物馆藏品的陈列柜。我对一些系统很感兴趣，在这些系统中，小粒子无限组合的可能性会在总体设计中产生完全的自由度——一个类似于有机系统的概念，在有机系统中，小细胞组合形成整体。

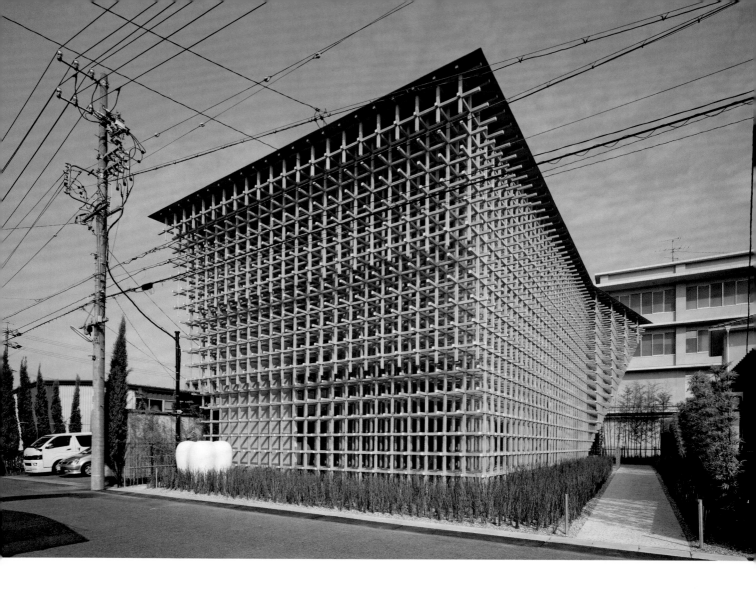

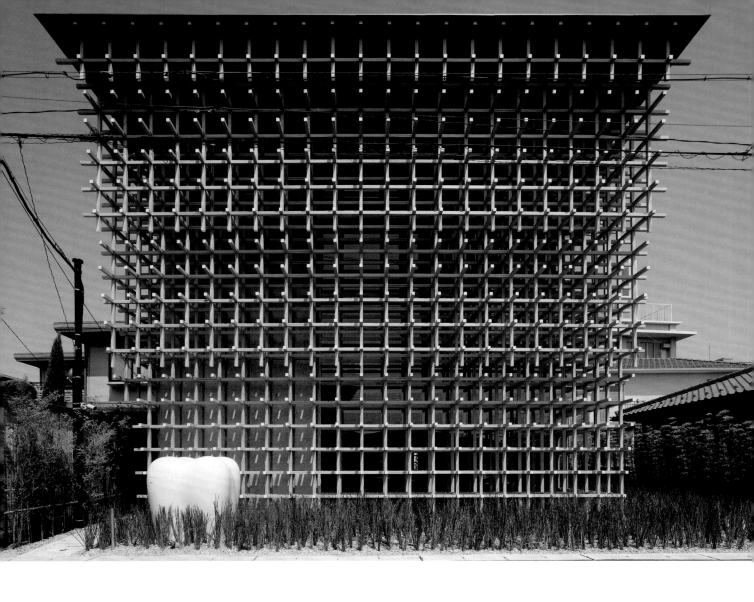

这种立方格由横截面60毫米×60毫米、长200厘米的木条组成。他们以一种被称为千鸟格的传统构造形式结合在一起，其中没有使用钉子或黏合剂。

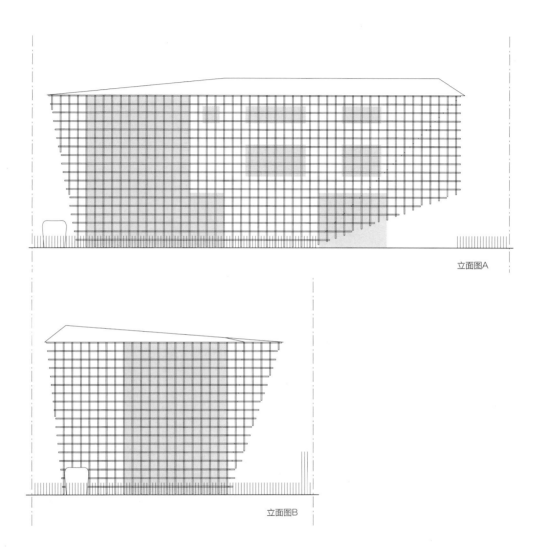

立面图A

立面图B

建筑物靠近地面的部分向后退，以保护木材免受恶劣
天气的影响。

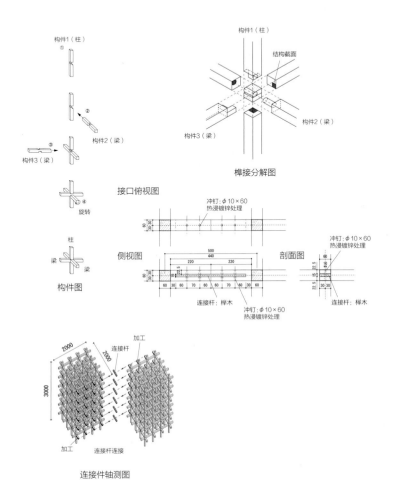

构件1（柱）

①

②

构件2（梁）

③

构件3（梁）

④

旋转

构件图

柱

梁 梁

构件1（柱）

结构截面

构件2（梁）

构件3（梁）

榫接分解图

接口俯视图

冲钉：φ10×60
热浸镀锌处理

侧视图

剖面图

冲钉：φ10×60
热浸镀锌处理

连接杆：榉木

连接杆：榉木

冲钉：φ10×60
热浸镀锌处理

连接杆

加工

加工

连接杆连接

连接件轴测图

位于森林中的飞驒高山镇是千鸟格系统的发祥地，也是木制家具和建筑的主要生产中心。通过使用千鸟格，结构可以向任何方向扩展，如GC齿科博物馆研究中心所示。

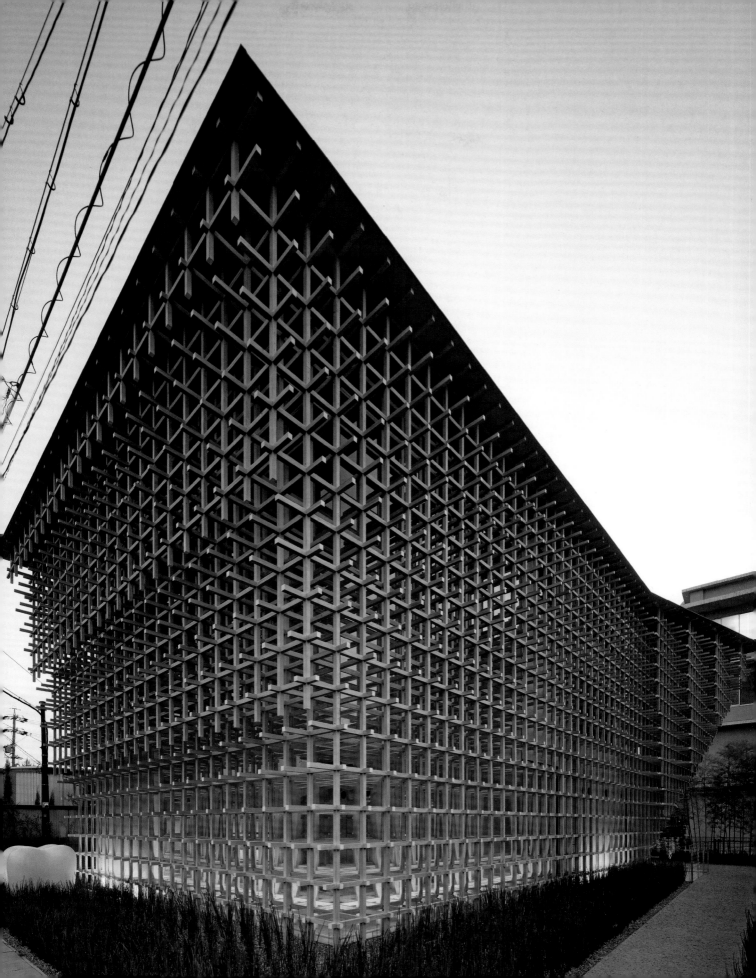

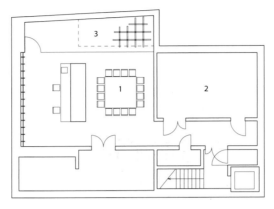

一层平面图

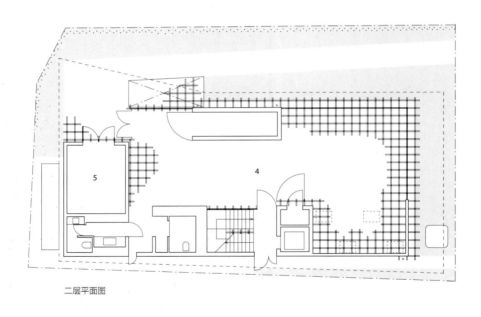

二层平面图

博物馆中心的展览空间被木制的格架包裹，格架由立方体格子组成。格架墙里设有一道玻璃隔墙，它的存在几乎不可察觉。随着墙向上延伸，格架变得越来越厚，给空间带来了一种洞穴般的氛围。

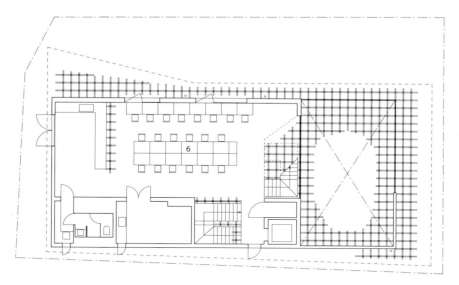

三层平面图

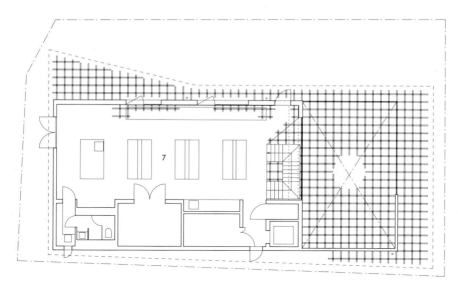

四层平面图

立方体格子还可以作为博物馆收藏的陈列柜，以及建筑结构系统的展示区。

梼原町市场

日本高知县高冈梼原町

梼原町市场是酒店与集市的结合。这座由市政府经营的酒店位于高知县山区的梼原町，梼原町内有许多茅草屋顶的小建筑或小茶馆，供游客体验茶道。在中国和日本，招待客人喝茶一直都有着特殊的意义。在日本，茶室是一个封闭的小空间，专门为招待客人喝茶而开发。茶室和茶道在传统上是有排他性的，遵循一套严格的规则，但在梼原町，茶室更随意，也更受欢迎。对于当地居民来说，在茶室里招待游客也是一种听到城市最新消息的方式。

材料（茅草）和茶道的细节为这座建筑的立面设计提供了线索。考虑到通风和采光，形成外墙的茅草块可以水平转动。该设计希望通过传统材料与现代技术的结合，保持城镇过去、现在和未来之间的连续性。位于建筑中心的中庭是销售当地农产品的社区市场，社区市场增加了酒店设施的活力。

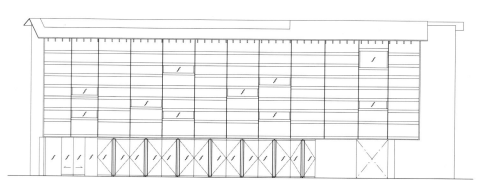

立面图

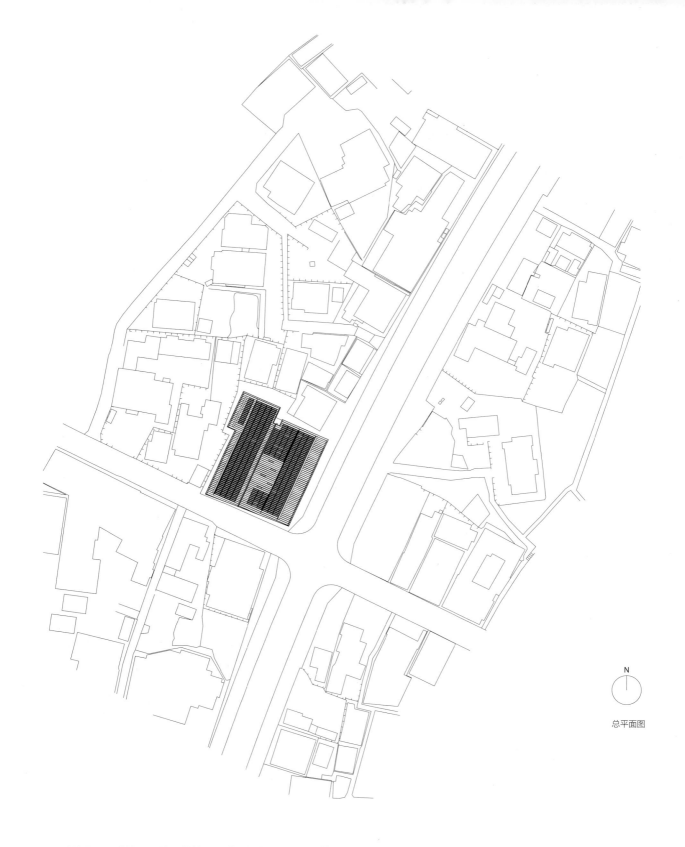

N

总平面图

左页图：在建筑外部，该地区传统的茅草屋顶被重新审视并运用。梼原
町是一个人口稀少的城镇，正试图通过建立以当地雪松树为基础的产业
来振兴当地经济。锯末可以用来发电。

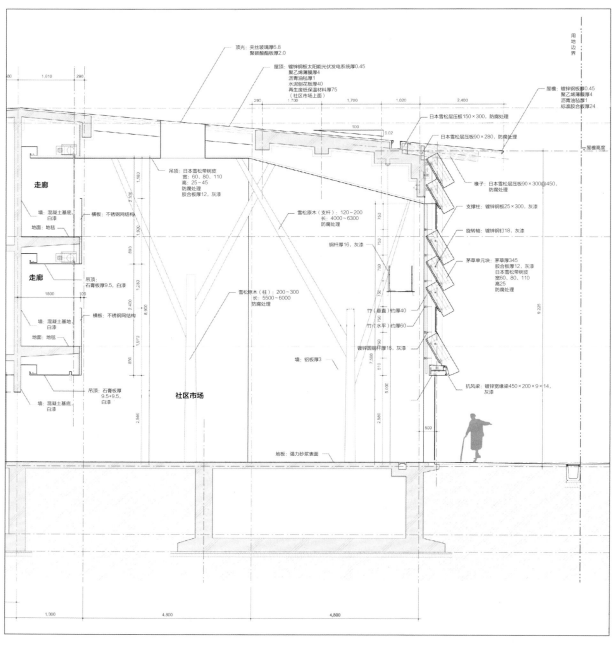

顶光：夹丝玻璃厚6.8
聚碳酸酯板厚2.0

屋顶：镀锌钢板太阳能光伏发电系统厚0.45
聚乙烯薄膜厚4
沥青油毡厚1
水泥刨花板厚40
再生废纸保温材料厚75
（社区市场上面）

屋檐：镀锌钢板厚0.45
聚乙烯薄膜厚4
沥青油毡厚1
标准胶合板厚24

日本雪松屋压板150×300，防腐处理

日本雪松屋压板90×280，防腐处理

吊顶：日本雪松带树皮
宽：60、80、110
高：25～45
防腐处理
胶合板厚12，灰漆

椽子：日本雪松屋压板90×300@450，
防腐处理

支撑柱：镀锌钢板25×300，灰漆

旋转轴：镀锌钢钉18，灰漆

雪松原木（支杆）：120～200
长：4000～6300
防腐处理

钢杆厚16，灰漆

茅草单元块：茅草厚345
胶合板厚12，灰漆
日本雪松带树皮
宽60、80、110
高25
防腐处理

竹（垂直）约厚40

竹（水平）约厚60

墙：铝板厚3

镀锌圆钢杆厚16，灰漆

抗风梁：镀锌宽缘梁450×200×9×14，
灰漆

走廊

墙：混凝土基底
白漆
地面：地毯

横板：不锈钢网结构

吊顶：
石膏板9.5，白漆

走廊

墙：混凝土基底
白漆
地面：地毯

横板：不锈钢网结构

雪松原木（柱）：200～300
长：5500～6000
防腐处理

吊顶：石膏板厚
9.5+9.5，白漆
墙：混凝土基底
白漆

社区市场

地板：强力砂浆表面

剖面图

右页图：每个茅草块作为独立的单元，可以水平转动
以增加通风。

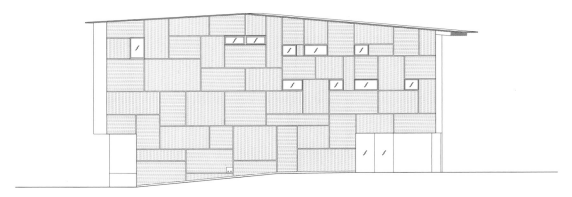

南立面图

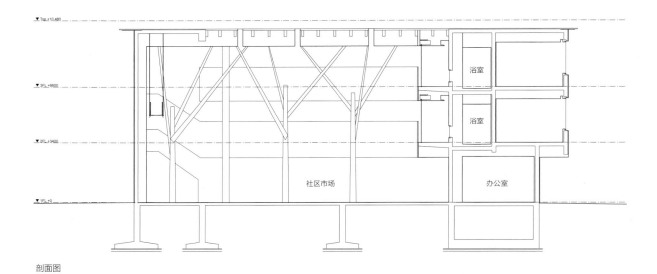

浴室

浴室

社区市场

办公室

剖面图

建筑外部和中庭的柱子都使用了当地的雪松，柱子形状受到木材自然形态的启发。

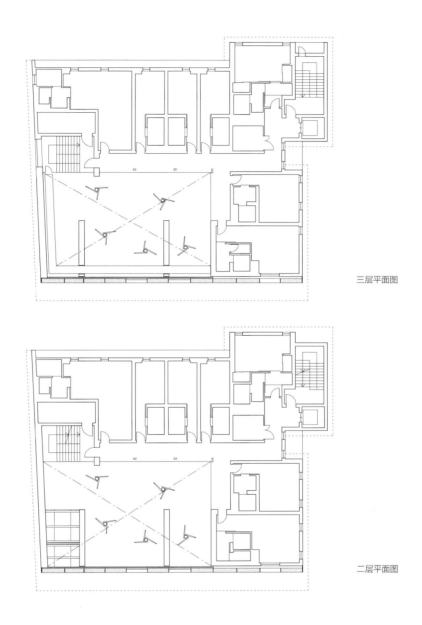

三层平面图

二层平面图

社区市场出售蔬菜、肉类和鱼类，位于中庭，周围是酒店客房。

梼原町木桥博物馆

日本高知县高冈梼原町

　　该项目试图通过一座木桥整合被一条街道隔开的两个公共设施（一家市政经营的酒店和一个水疗中心）。这座建筑是有屋顶的，既是桥梁又是展览空间，还为艺术家提供了客房，并且成为该镇的文化中心。该建筑使用了当地雪松制成的木材层压板（LVL）。我并没有采用适应建筑物跨度的、在城外工厂制造的大截面LVL构件，而是采用了可在当地制造的小截面LVL构件。用这种方式将众多小型单元结合起来，以实现整体设计的自由，这也是一种支持当地小型工厂的方法。

　　这个项目用一个支架系统来支撑屋顶。在中国和日本，为了确保通风良好，在大屋顶下创造开阔的空间是有必要的；而且，保护木柱不受雨水影响也是必要的。这导致了一种结构系统——支架系统的发展，在这个系统中，柱子后退，屋顶通过悬臂延伸出去。从下面看，这个系统非常美观，它是日本建筑的亮点之一，在日本建筑中，屋顶下侧比上侧更重要。

从美国、加拿大和俄罗斯进口的廉价木材，导致日本森林工业的衰退。
因此，在建筑中使用当地生产的雪松在维护森林和振兴城镇经济方面显
得尤为重要。

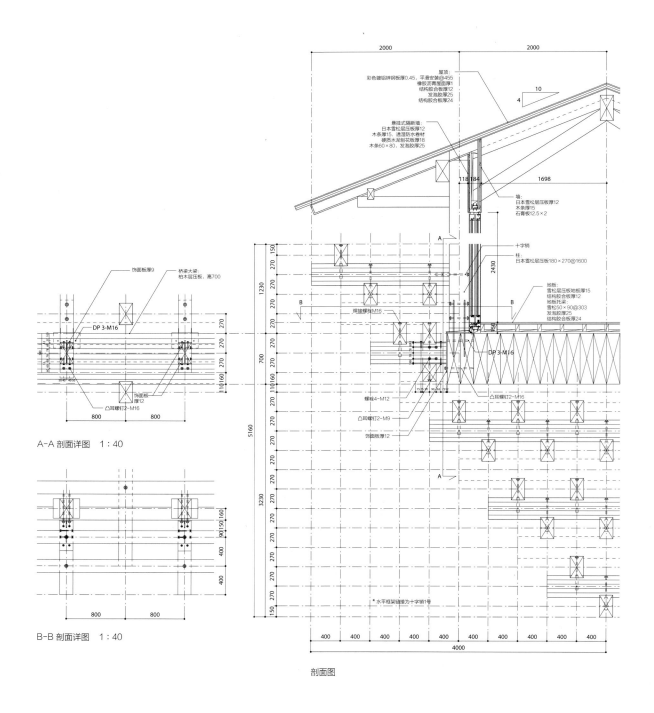

屋顶:
彩色镀铝锌钢板厚0.45，平滑安装@455
橡胶沥青屋面厚1
结构胶合板厚12
发泡胶厚25
结构胶合板厚24

悬挂式隔断墙:
日本雪松层压板厚12
木条厚15，透湿防水卷材
硬质水泥刨花板厚18
木条60×80，发泡胶厚25

墙:
日本雪松层压板厚12
木条厚15
石膏板12.5×2

十字销

柱:
日本雪松层压板180×270@1600

地板:
雪松层压板地板厚15
结构胶合板厚12
地板托梁:
雪松50×90@303
发泡胶厚25
结构胶合板厚24

2000   2000

10
4

118 84   1698

A
B
2430

B

焊接螺栓M16

DP 3-M16

螺栓4-M12

凸耳螺钉2-M16

凸耳螺钉2-M9

饰面板厚12

A

150
270
1230
270
270
700
700
270
110 160
5160
270
270
3230
270
270
270
150 270

* 水平框架链接为十字销1号

400 400 400 400 400 400 400 400 400 400
4000

剖面图

饰面板厚9
桥梁大梁:
柏木层压板，高700

DP 3-M16

饰面板厚12

凸耳螺钉2-M16

270
270
270
110 160

50 40 40 50

800   800

A-A 剖面详图   1:40

90 150 160
400
400

800   800

B-B 剖面详图   1:40

受日本三座大桥之一的猿桥（Saruhashi Bridge）结构的启发，我选择了使用当地雪松来复原这种方法。

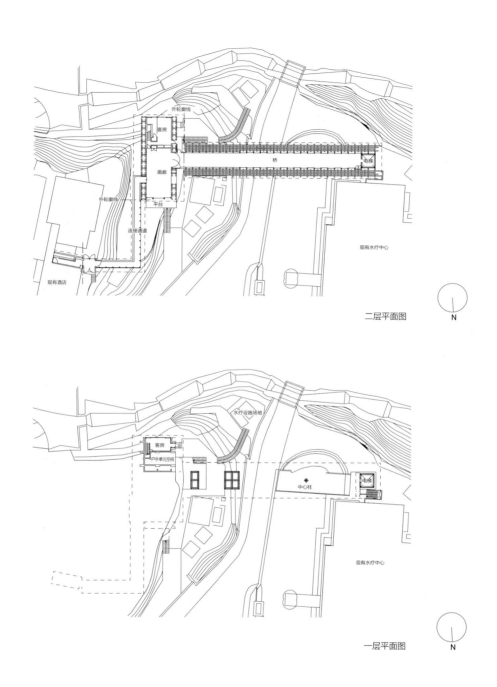

客房
外轮廓线
电梯
桥
画廊
外轮廓线
平台
连接通道
现有酒店
现有水疗中心

二层平面图

N

水疗设施场地
客房
户外单元空间
电梯
中心柱
现有水疗中心

一层平面图

N

这座桥把我1994年设计的一家酒店和附近的一个水疗中心连接在一起。

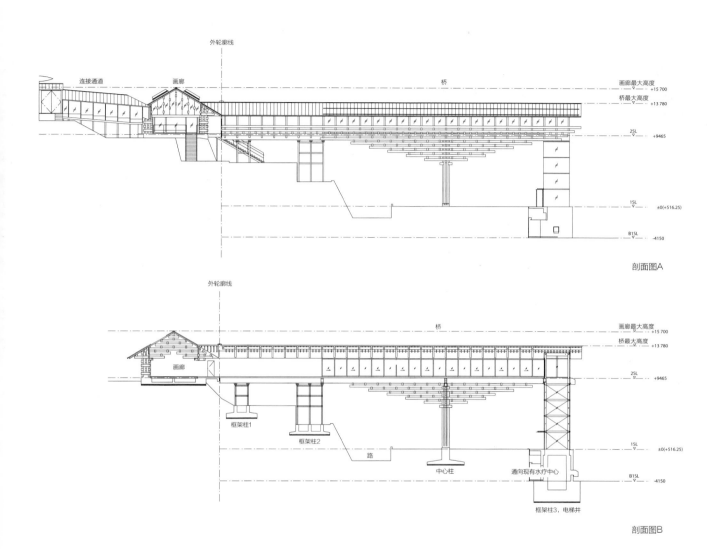

外轮廓线

连接通道　　　　画廊　　　　　　　　　　　　　　　桥　　　　　　　　　　　画廊最大高度
　　　　　　　　　　　　　　　　　　　　　　　　　　　　　　　　　　　　　+15 700
　　　　　　　　　　　　　　　　　　　　　　　　　　　　　　　　　　　　　桥最大高度
　　　　　　　　　　　　　　　　　　　　　　　　　　　　　　　　　　　　　+13 780

　　　　　　　　　　　　　　　　　　　　　　　　　　　　　　　　　　　　　2SL
　　　　　　　　　　　　　　　　　　　　　　　　　　　　　　　　　　　　　+9465

　　　　　　　　　　　　　　　　　　　　　　　　　　　　　　　　　　　　　1SL
　　　　　　　　　　　　　　　　　　　　　　　　　　　　　　　　　　　　　±0(+516.25)

　　　　　　　　　　　　　　　　　　　　　　　　　　　　　　　　　　　　　B15L
　　　　　　　　　　　　　　　　　　　　　　　　　　　　　　　　　　　　　-4150

剖面图A

外轮廓线

　　　　　　　　　　　　　　　　　　　　　　桥　　　　　　　　　　　　画廊最大高度
　　　　　　　　　　　　　　　　　　　　　　　　　　　　　　　　　　　+15 700
　　　画廊　　　　　　　　　　　　　　　　　　　　　　　　　　　　　　桥最大高度
　　　　　　　　　　　　　　　　　　　　　　　　　　　　　　　　　　　+13 780

　　　　　　　　　　　　　　　　　　　　　　　　　　　　　　　　　　　2SL
　　　　　　　　　　　　　　　　　　　　　　　　　　　　　　　　　　　+9465

框架柱1

框架柱2

　　路

中心柱

通向现有水疗中心　　　　　　　　　　　　　　1SL
　　　　　　　　　　　　　　　　　　　　　　±0(+516.25)

　　　　　　　　　　　　　　　　　　　　　　B15L
　　　　　　　　　　　　　　　　　　　　　　-4150

框架柱3，电梯井

剖面图B

左页图：屋顶的存在使桥梁构建出一个封闭和围护的
画廊空间，同时也是一条行进路线。

防止水的侵蚀对维护木结构至关重要。在传统的日本建筑中，木材边缘
会涂上粉末状贝类涂料（古坟时代），这里也使用了这种工艺。

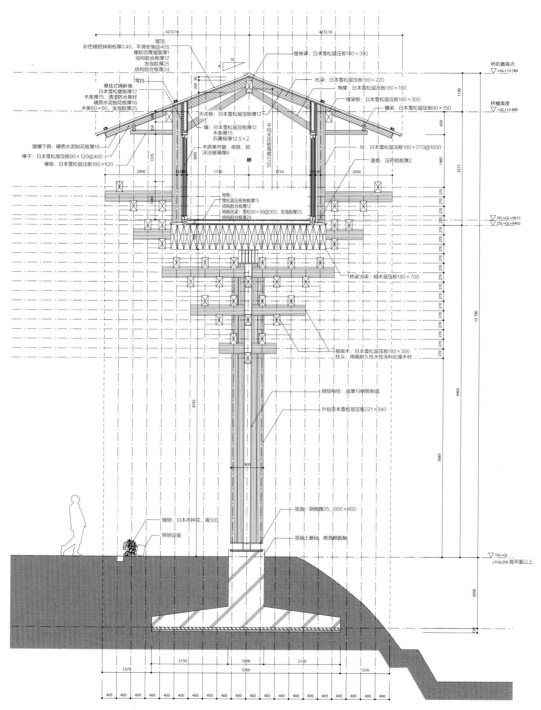

屋顶:
彩色镀锌铝锌钢板厚0.45, 平滑安装@455
橡胶沥青屋面厚1
结构胶合板厚12
发泡胶厚25
结构胶合板厚24

屋脊梁: 日本雪松层压板180×350

檐口

托梁: 日本雪松层压板180×220
角撑: 日本雪松层压板180×180
撑梁板: 日本雪松层压板180×300
檐梁: 日本雪松层压板90×150

悬挂式隔断墙:
日本雪松墙板厚12
木条厚15, 透湿防水卷材
硬质水泥刨花板厚18
木条60×60, 发泡胶厚25

天花板: 日本雪松层压板厚12

墙: 日本雪松层压板厚12
木条厚15
石膏板厚12.5×2

柱: 日本雪松层压板180×270@1600

盖板: 压形铝板厚2

屋檐下侧: 硬质水泥刨花板厚18
椽子: 日本雪松层压板90×120@400
椽架: 日本雪松层压板180×120

木质单开窗: 底框, 铝
浮法玻璃厚8

桥

地板
地板: 雪松层压板地板厚15
结构胶合板厚12
地板托梁: 雪松50×99@303, 发泡胶厚25
结构胶合板厚24

桥梁大梁: 柏木层压板180×700

框架木: 日本雪松层压板180×300
柱头: 用高耐久性水性涂料处理木材

钢结构柱: 由厚19钢板制成

外包由本雪松层压板221×340

植物: 日本吊钟花, 高500
照明设备

底盘: 钢板厚25, 1900×900

混凝土基础: 喷洒聚氨酯

剖面图

桥的最高点
▽=GL+13 780

桥檐高度
▽=GL+12 680

▽2FL=GL+9615
▽2SL=GL+9465

▽1SL=GL
+516.250 海平面以上

218

当桥梁向上升起时，其支撑结构以图示的截面向外扩展。这种特殊截面形状的结构在日本和中国一直被用作木结构建筑的支撑，它能保护木质构件不受雨水的影响。从下面看，这种结构令人印象非常深刻。

小松精练纤维研究所

日本石川县

这家位于石川县的纺织厂最初由钢筋混凝土建成，此次改建在外部增加了轻质的柔性纤维，以增强建筑的抗震能力。虽然像这样的结构一般通过增加钢支撑来防止地震破坏，但钢支撑会影响立面的美观。所以，我们选择使用上等的碳纤维杆代替，其抗拉强度是钢的7倍，杆件像面纱一样覆盖着工厂，使其外观得以软化。过去，这种材料的柔韧性差，导致运输和安装都受到限制，因此很少用于建筑，而仅用于家具和其他产品。但是，日本北陆地区传统捻线技术的改进，使首次利用碳纤维进行抗震加固成为可能。

对于室内，我们的实验从通过使用这些轻质纤维首先将建筑的厚重外观转化得更为精致，延伸到由纤维本身产生的通风和光照效果中，最终延伸到一个绿色屋顶上，屋顶上有一块由绿泥（greenbiz）制成的多孔陶瓷板，绿泥是纤维制造的副产品。该项目成功地实现了我们的愿望，即通过使用碳纤维来软化20世纪典型的混凝土和钢建筑，并创造出一种更像是一件衣服而不是一座建筑物的外表。

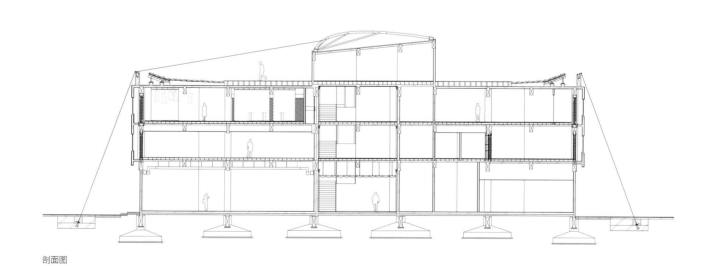

剖面图

由于现有的混凝土建筑于2016年竣工，不符合当前的抗震标准，我们
使用碳纤维加固结构，现在该建筑已成为这种新纤维技术的展示。

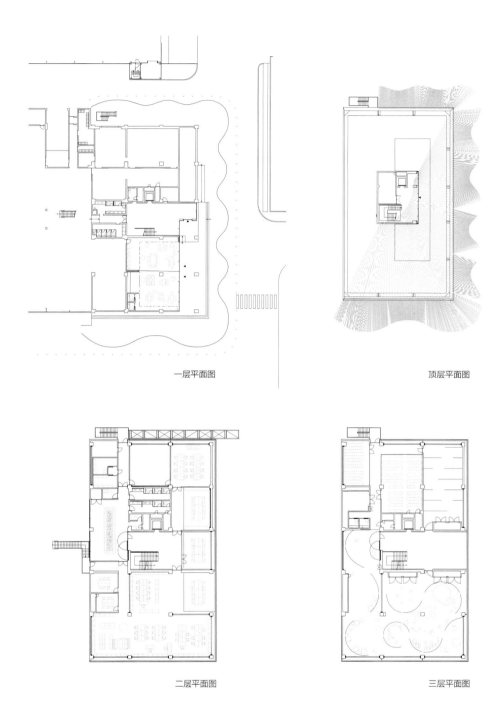

一层平面图

顶层平面图

二层平面图

三层平面图

碳纤维杆的抗拉强度是钢的7倍，它被连接到弯曲的钢梁上，并嵌入地下。

在一个屋顶下

瑞士洛桑

艺术实验室是瑞士洛桑联邦理工学院（EPFL）的一个新的文化中心，由艺术和科学博物馆、技术信息画廊、咖啡馆组成。为了包含这三个项目，我们提议建造一个类似于木质屋顶房屋的建筑，而不是传统的混凝土盒子式的建筑。三个不同的区域位于一个巨大的斜屋顶下，长度超过235米，由开口分隔，开口为不受限制的交流创造了空间，区域内有两条轴线调节人流（该建筑的名字引自一个日文短语，意思是把不同的人团结在一起）。

建筑结构和外墙由瑞士建筑中常用的一种木材制成。它暴露在建筑内部，给空间以节奏和温暖。通过使用复合结构（每块落叶松层压板夹在两块穿孔钢板之间）将柱和梁的大量存在最小化，这样即提供了结构的规则性，又适应了跨度的变化。屋顶是用石头铺成的，与瑞士的景观相协调，屋顶的斜度根据下面建筑功能的不同而变化，就像折纸一样。通过控制屋顶的斜度，我们能够创造出一种具有人性化和自由感的建筑形式。

这座又长又薄的建筑物的三个区域由一个屋顶连接起来。有些地方向上
倾斜，有些地方向下倾斜，倾斜变化使屋顶看起来像是弯曲的。

立面图A　1：1000

立面图B　1：1000

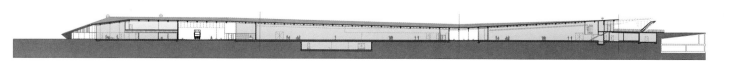

纵剖面图　1：1000

这座建筑的入口位于中央广场，那里的屋顶像折纸一样倾斜。

夹住木柱的钢板厚度不同，以确保每根柱子的宽度为12厘米。

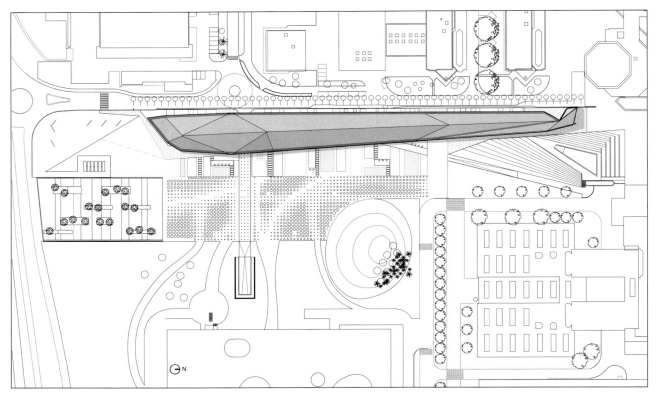

屋顶平面图

右页图：木屋顶覆盖着石板，与周围的景观产生共鸣。屋顶在建筑的三个区域上弯曲、倾斜，对光和影产生不同的影响。

圣保罗日本屋

巴西圣保罗

 在圣保罗主要街道保利斯塔大道的一个旧银行的翻修中，日本柏树的薄木条被"编织"在一起，以营造城市中心的森林意象。为了实现使用这种薄木条的大跨度——这种薄木条来自每20年为伊势神宫的重建仪式提供一次材料的同一片森林——项目中也使用了碳纤维杆。最终建成了一种透明的有机结构。

 受巴西随处可见的廉价镂空花砖（cobogó）的启发，我们设计了一种新型的镂空砖，以覆盖面向街道的立面，并遮挡僻静的庭院。通常情况下，每个单元都被包在一个框架里，但在我们的设计中，薄的混凝土条伸出框架，抹除单元之间的连接线，形成一个无缝的立面。在室内装饰方面，我们使用了覆盖有和纸的铝网屏风，这是造纸师小林康生与巴西各地年轻人合作的结果。日本传统技术与巴西工业生产的碰撞，产生了戏剧性的、令人兴奋的空间。

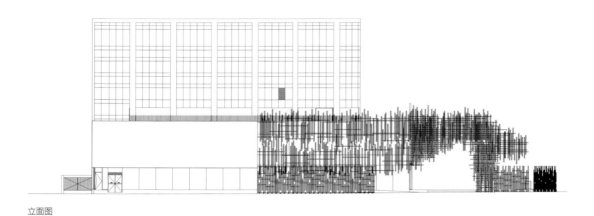

立面图

建筑立面由柏木制成，提供了一个从繁忙道路上可以进入的庭院入口。
该建筑已成为这座城市新的旅游景点，包含餐厅、展览和零售空间。

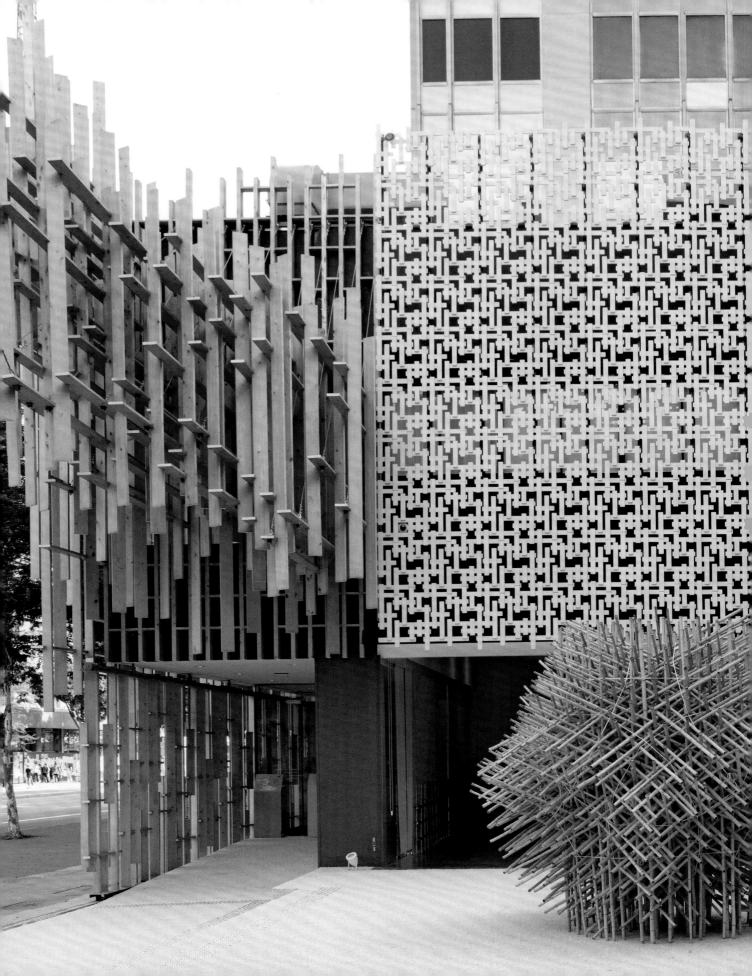

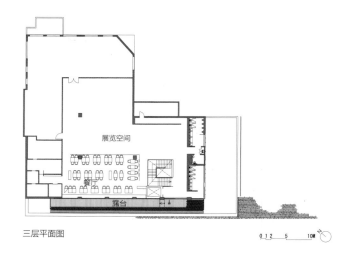

三层平面图

0 1 2 5 10M

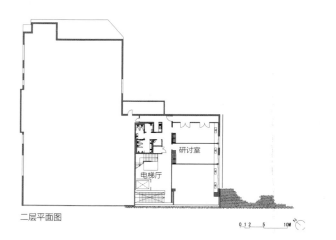

二层平面图

0 1 2 5 10M

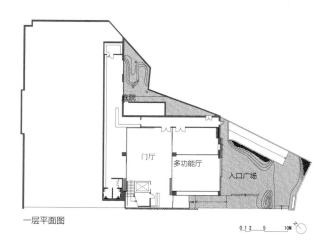

一层平面图

0 1 2 5 10M

内部，旧的天花板被拆除，新的墙板复制了和纸的纹理，通过赋予室内
一种柔软、温暖的氛围来改变建筑空间。

STON
EART
CER

第三章　石、土和陶

石头、黏土和砖本质上都是土，因此非常重。我的设计重点是开发可以将这些重的、有分量的东西转换成更人性化的东西的方法，而现代技术在这种开发中可以发挥主要作用。21世纪的技术都是将地球分解成更小的部分，并在人类和地球之间产生对话。从本质上说，它是一种使事物由大变小的技术。另一方面，20世纪的技术是将小东西变大，混凝土就是最好的例子。在最初的状态下，沙子和水泥是由小粒子组成的，但是加水并将它们混合在一起会导致它们突然转变成大而重的体块。使事物由小变大是20世纪文明的本质，但是今天我们开始朝着相反的方向前进——使事物由大变小。甚至被称为地球的超大物体也开始被分成小粒子。从这个意义上说，我的建筑目标是我们星球的降解和人性化。

莲屋

日本东部

这个项目是森林里的别墅，与一个荷花池相结合。池塘是建筑物、建筑前面的河流和对岸的森林之间实现连续性的媒介。在该建筑的组织架构中，基本上有两种类型的开口：两翼之间的露台形成的大开口，将建筑物后面的森林与对面的森林连接起来，以及墙体表面无数的小开口，它们给石头墙一种虚无缥缈错觉，以至于风都可能会吹穿它。

这些开口连接着建筑和自然。薄的石灰华板，每块高20厘米，宽60厘米，厚30毫米，用横截面为8毫米×16毫米的扁钢悬挂，以形成多孔的棋盘格图案。因此，即使使用看起来很重的石头，也有可能展现出荷花瓣似的轻盈。棋盘格图案的使用也加强了建筑表面小元素的存在感，减少了它们的表观重量和单调性。减轻大块平面的重量感是我的建筑的一个重要主题。

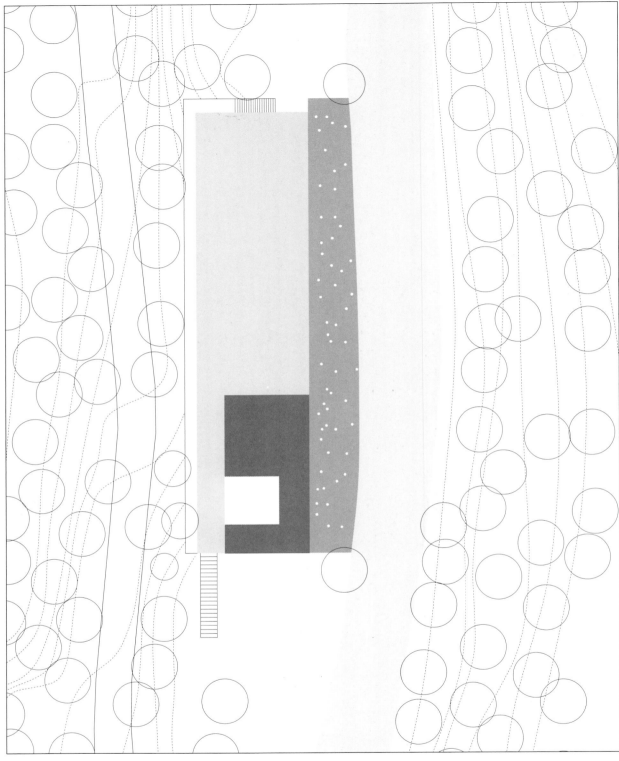

总平面图

右页图：石灰华板两端穿孔，用不锈钢杆固定，然后将不锈钢杆从
钢结构上部挂下来。

我经常采用把一栋建筑分成两部分，并在两者之间创造出一个空隙的技术。这个半室外的空间随后成为活动的焦点。

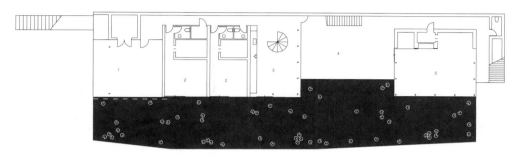

一层平面图

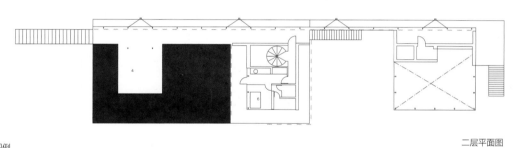

二层平面图

图例

1.车库
2.卧室
3.厨房、餐厅
4.庭院
5.客厅
6.浴室

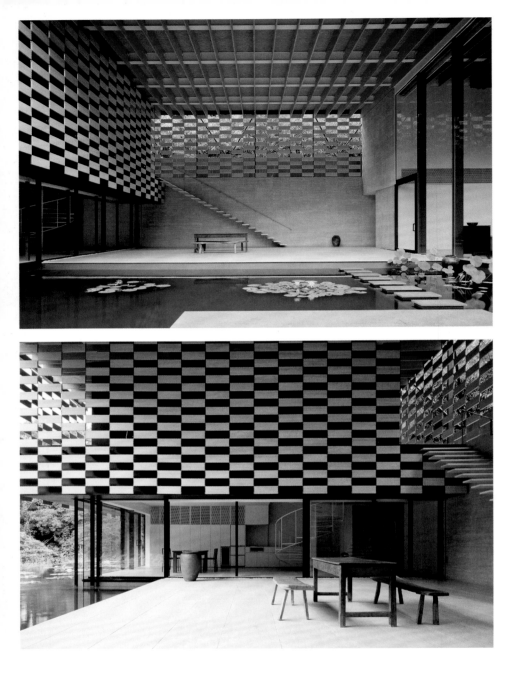

屋顶的结构是钢和木的混合体。200毫米×200毫米的工字梁，横跨东西，与木质托梁垂直相交。

荷花池有一个"无限"的边缘，将它连接到远处的小溪。

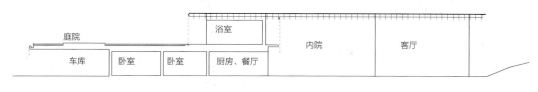

剖面图

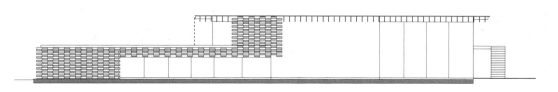

南立面图

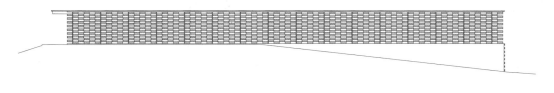

北立面图

卧室的高度低于客厅和餐厅的高度。卧室上方有一个屋顶花园，还有一
个水池，从浴室可以看到。

屋顶上的露台似乎延伸出去，伸进水中，伸进远处的树林。在传统的日本花园中，这种伸出去的露台被称为"赏月台"。其中最著名的就是京都桂离宫的竹台。

Chokkura广场

日本栃木县盐谷高根泽

高根泽火车站前面的这个新的社区空间离开采大谷石的地方不远。大谷石是弗兰克·劳埃德·赖特在设计东京帝国饭店（1922年）时使用的一种多孔火成岩。以这种石头为设计主题，我围合出一个公共广场，里面有一栋经过改造的旧石头仓库和一栋用回收的石头建造的商业建筑。为此，我们提出了一种新的复合结构体系，将大谷石与钢板沿对角线编织在一起。这种复合系统同时实现了石材的柔软性和由钢框架提供的透明性。通过让石头受压，让钢材受拉，我试图发挥出这两种材料的结构特性。

在访问日本时，赖特对城市和建筑的"柔和"印象深刻，并用易碎的大谷石在他的设计中表达了这种品质。在那之前，这种石头曾被用于采石区的仓库，但由于其固有的柔软性，几乎没有实际用在其他地方。然而，一旦赖特用了它，这种石头就成了一种流行的建筑材料，并在全国范围内得到了认可。赖特也试图在地砖中获得柔软感，并开发了一种"刮擦地砖"，这种地砖表面有垂直的沟槽，这也成为一种时尚。在这个项目中，我试着在石头之间留些空隙，从而更进一步地实现赖特的柔软感。

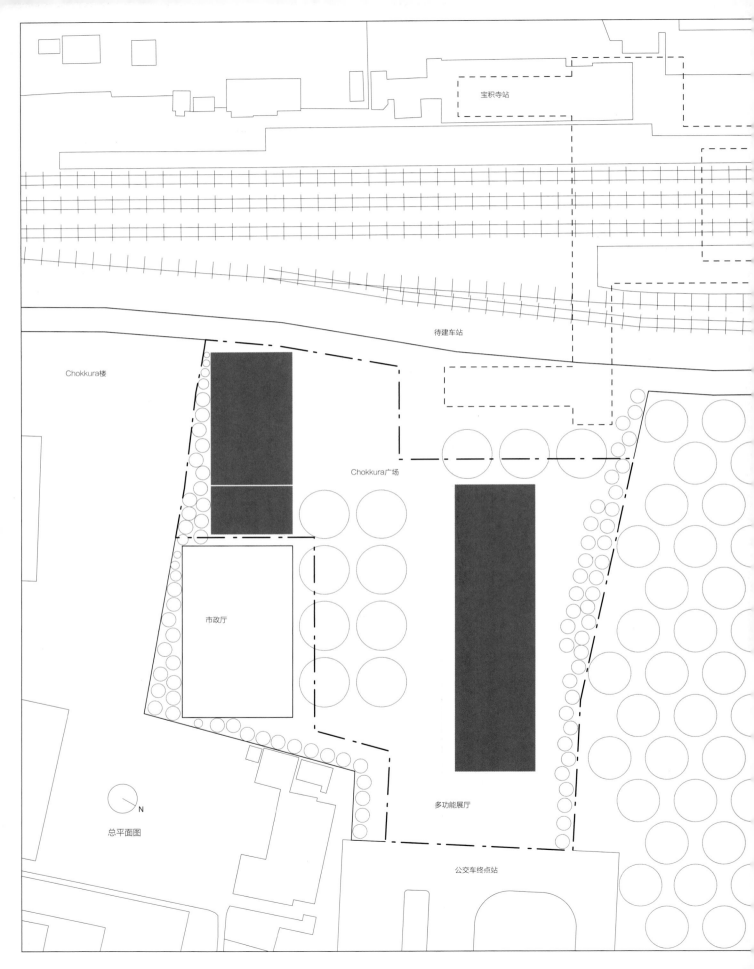

宝积寺站

待建车站

Chokkura楼

Chokkura广场

市政厅

多功能展厅

N

总平面图

公交车终点站

这里的结构墙是由大谷石和钢板组合而成的。上面钢架屋顶的深檐巧妙地把建筑和广场连接起来。

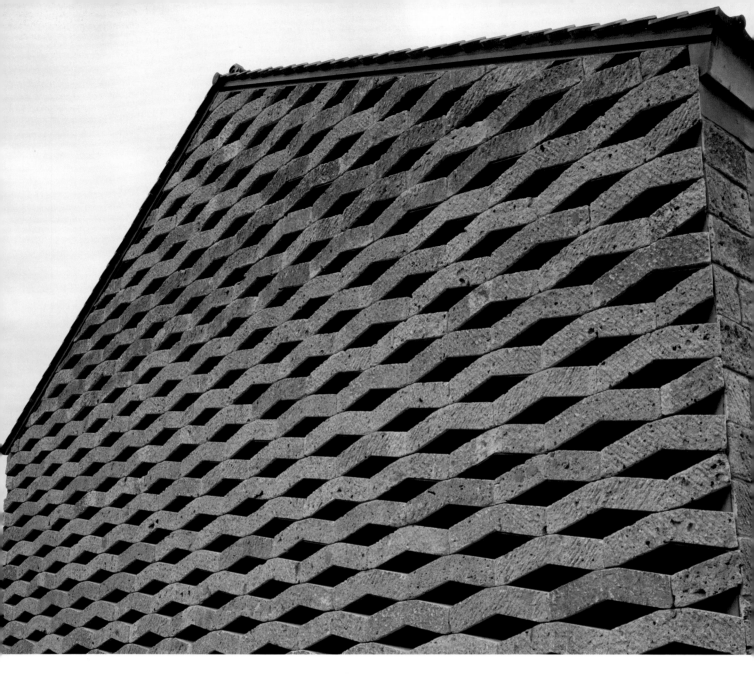

这座建筑原来是一座用大谷石建造的旧仓库。原有建筑面对铁路的一面
被保留了下来，其他立面被钢和石头的组合墙取代，这些墙能让足够的
光线照射进来，使得建筑物室内能够举办活动。

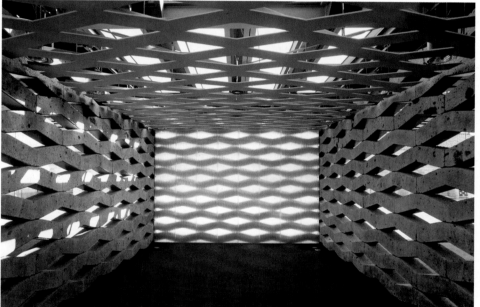

屋檐也采用了墙体的对角线图案。

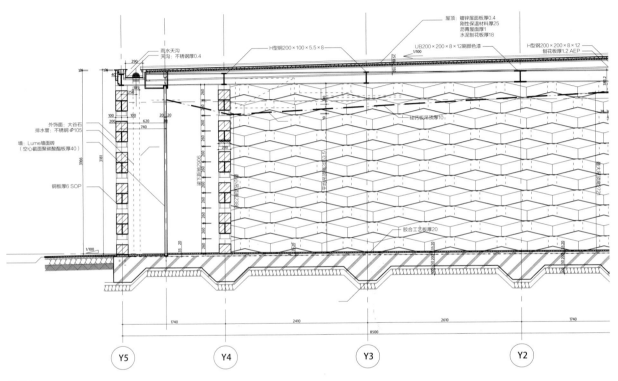

屋顶: 镀锌屋面板厚0.4
刚性保温材料厚25
沥青屋面厚1
水泥刨花板厚18

UB200×200×8×12刷颜色漆
1/100

H型钢200×200×8×12
刨花板厚1.2 AEP

H型钢200×100×5.5×8

雨水天沟
天沟:不锈钢厚0.4

硅钙板吊挂厚10

外饰面: 大谷石
排水管: 不锈钢 φ105

墙: Lume墙面砖
（空心截面聚碳酸酯板厚40）

钢板厚6 SOP

胶合工艺板厚20

Y5   Y4   Y3   Y2

1740   2410   2610   1740
8500

剖面图

右页图：将大谷石块放置在6毫米厚的钢梁上，重复
该结构形成多孔结构墙。

赖特在决定使用大谷石之前，调查了来自日本各地的多种石头。因为大
谷石质地柔软，符合日本人的喜好，所以在被赖特使用后，这种不太可
能被选择的材料很快变得流行。我想通过同样的材料建造新的建筑，并
引用与旧仓库相同的对角线模式，以现代技术来建造，向时间致意。

多功能展厅东立面图

多功能展厅西立面图

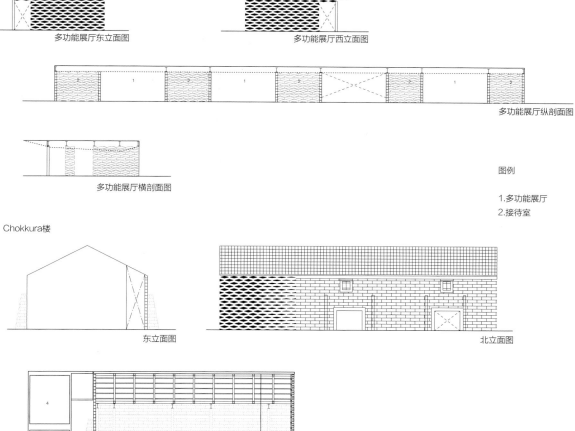

多功能展厅纵剖面图

多功能展厅横剖面图

图例

1.多功能展厅
2.接待室

Chokkura楼

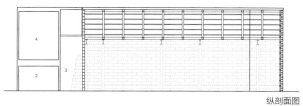

东立面图

北立面图

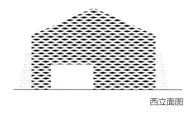

纵剖面图

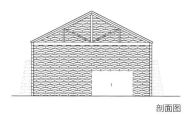

西立面图

剖面图

图例

1.现有仓库
2.卫生间
3.储存室
4.机械室

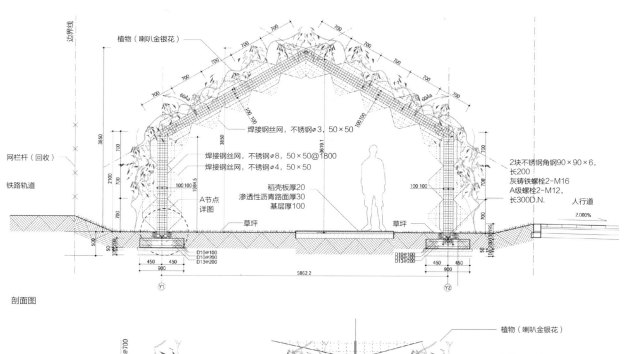

植物（喇叭金银花）

焊接钢丝网，不锈钢φ3，50×50

焊接钢丝网，不锈钢φ8，50×50@1800

焊接钢丝网，不锈钢φ4，50×50

稻壳板厚20
渗透性沥青路面厚30
基层厚100

2块不锈钢角钢90×90×6，
长200
灰铸铁螺栓2-M16
A级螺栓2-M12，
长300D.N.

网栏杆（回收）

铁路轨道

A节点
详图

草坪

草坪

人行道

2.000%

D10@100
D10@200
D13@200

剖面图

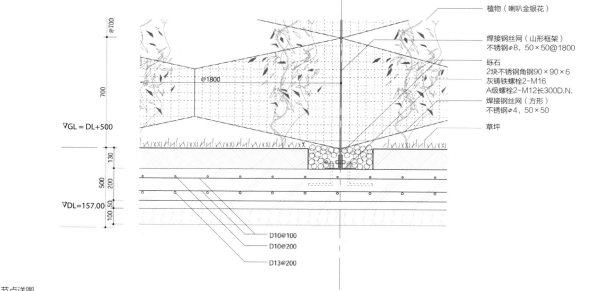

植物（喇叭金银花）

焊接钢丝网（山形框架）
不锈钢φ8，50×50@1800

砾石
2块不锈钢角钢90×90×6
灰铸铁螺栓2-M16
A级螺栓2-M12长300D.N.

焊接钢丝网（方形）
不锈钢φ4，50×50

草坪

▽GL=DL+500

▽DL=157.00

D10@100
D10@200
D13@200

A节点详图

264

设计延伸到广场附近的公园,这里看到的是不锈钢网。先将不锈钢网制
作成钢箱,然后在现场连接钢箱。

木佛博物馆

日本山口县下关

　　这座"博物馆"实际上是日本最大的木雕佛像的储藏设施，这是一座12世纪的阿弥陀佛像，被指定为重要的文化遗产。日本的仓库通常是由一个木框架覆盖一层薄薄的黏土制成，但在丰浦地区，使用土坯时没有木框架的支撑。该地区这种建筑传统的存在被认为是受到了中国和朝鲜半岛的影响，建成后与木框架一样牢固。但即使在这里，这个传统在二战后也消失了。

　　在泥灰匠人久住章的帮助下，我尝试复制当地的建筑方法。通过在某些地方用钢板加固结构，我建造了一面由晒干的土砖砌成的可以承受地震的墙，而且其多孔性足以让光线和空气进入。晒干的黏土砖具有调节温度和湿度的能力，材料本身对环境进行了控制，所以不需要空调。我的目的是整合以前被认为是与建筑不同的、独立的方面：材料、环境和结构。

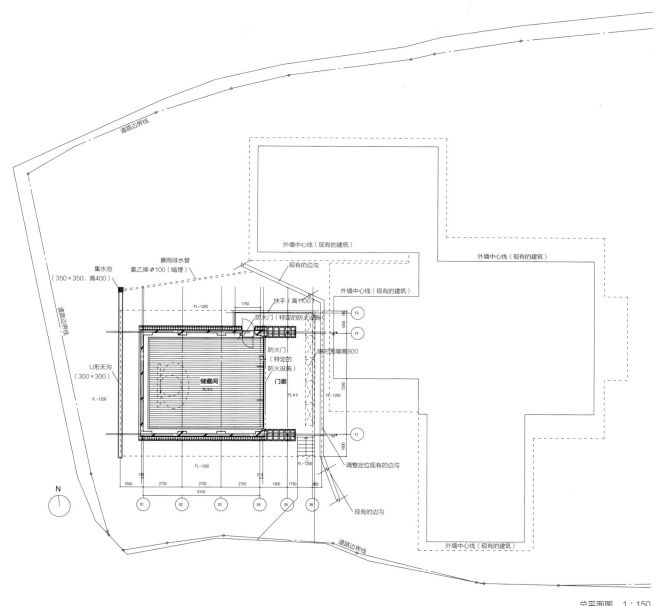

集水池
（350×350，高400）

暴雨排水管
氯乙烯 φ100（暗埋）

外墙中心线（现有的建筑）

现有的边沟

外墙中心线（现有的建筑）

外墙中心线（现有的建筑）

扶手（高1100）

防火门（特定的防火设施）

防火门
（特定的
防火设施）

门廊

储藏间
FL±0

临时围墙高800

U形天沟
（300×300）

FL-1200

FL-1200

FL-1200

FL-1200

FL-1200

FL-1200

1750

1450

165

7200

1600

调整定位现有的边沟

现有的边沟

道路边界线

道路边界线

道路边界线

Y3

Y2

Y1

X1   X2   X3   X4   X5   X6

1600   2700   2700   2700   1900   1750   650

8100

110

210

N

外墙中心线（现有的建筑）

总平面图   1：150

左页图：丰浦，现在是日本大陆西部扩建的城市下关的一部分，有着用
当地黏土制作仓库和墙体的独特历史，该项目恢复了这项技术。

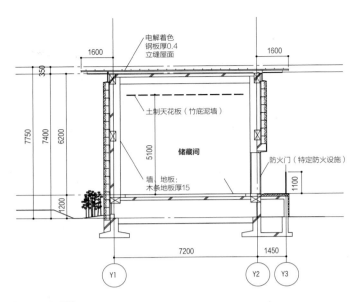

電解着色
鋼板厚0.4
立縫屋面

土制天花板（竹底泥墙）

储藏间

墙、地板：
木条地板厚15

防火门（特定防火设施）

1600   1600
350
7750 7400 6200 5100
1100
1200
7200   1450

Y1   Y2 Y3

剖面图   1：200

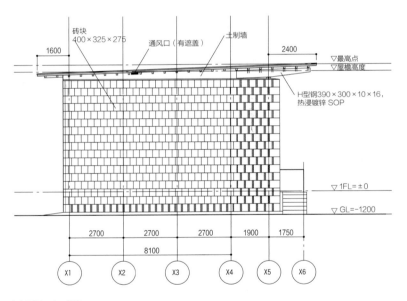

砖块
400×325×275   通风口（有遮盖）   土制墙

1600   2400
▽最高点
▽屋檐高度

H型钢390×300×10×16，
热浸镀锌 SOP

▽1FL=±0
▽GL=-1200

2700   2700   2700   1900   1750
8100

X1   X2   X3   X4   X5   X6

南立面图   1：200

右页图：晒干的黏土砖由钢和混凝土进一步支撑，使
墙变得多孔而且抗震。

对于那些需要通风和照明的建筑部分，黏土砖被堆放起来，中间夹着一块支撑钢板。

这座建筑装有一座12世纪的阿弥陀佛像，是日本最大的木雕像。

由于黏土砖具有保持温度和湿度恒定的作用，因此这座建筑没有安装通风系统——这对于一个存放了重要的文化遗产的博物馆来说是非常特别的。

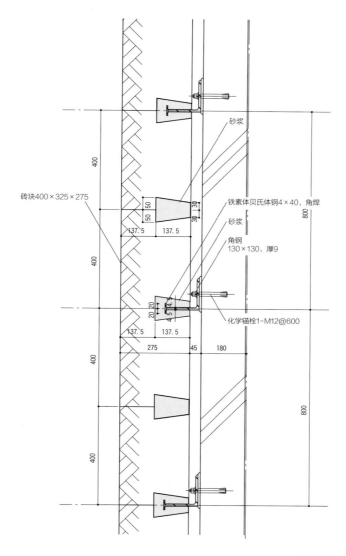

砖块400×325×275

砂浆

铁素体贝氏体钢4×40，角焊

砂浆

角钢
130×130，厚9

化学锚栓1-M12@600

400

400

400

400

800

800

50 50

137.5 137.5

30 30

20 20

4.5 4.5

137.5 137.5

275 45 180

节点详图

设计中最具挑战性的部分是钢制楔形接头的细节，因为它需要将黏土砖
牢固地连接到混凝土结构上。

知博物馆

中国成都新津

博物馆通常被设计成若干盒子的集合，但是这座位于成都以南道教圣地老君山脚下的博物馆十分特别。它被设计为一个连续的形式，从地面升起，螺旋上升，直至天空。因为水流是道教哲学的重要组成部分，所以在这里，观光客流和水流在通往天界的路上交织在一起。

瓦片是当地建筑景观的一个常规特征，经常出现在该地区房子的屋顶上。我选择使用这些瓦片并不是作为屋顶材料，而是作为屏风，来定义建筑和外部的边界。历史上，中国和日本都曾不断尝试用瓦片制作通风的屏风，在该项目中，我们通过在瓷砖上钻孔并用不锈钢丝悬吊的方法，实现了通常不可能实现的轻质外观。漂浮在水面上的茶室则使用了堆放弯曲瓦片以形成空隙的传统方法。

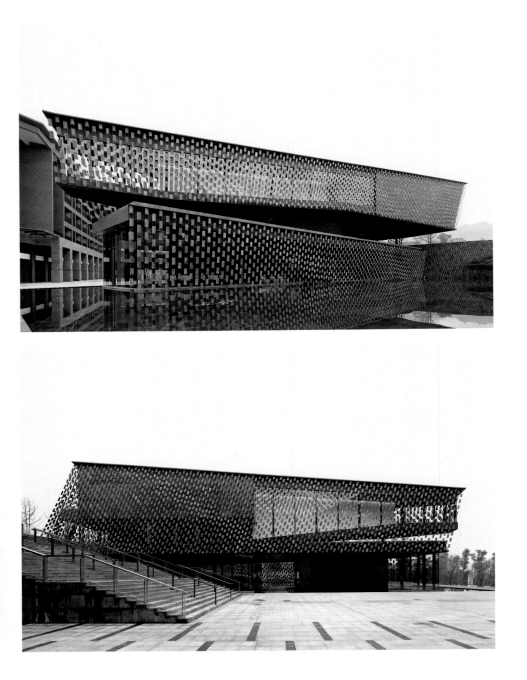

狭窄的、管状的展览空间从地面升起并向上延伸。管道之间形成空隙，
使光线进入建筑。

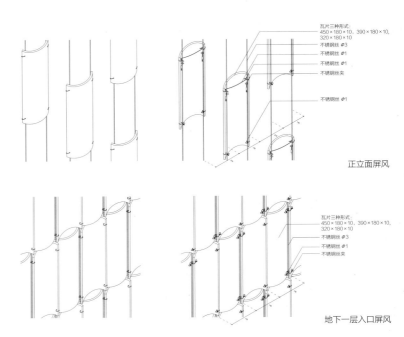

瓦片三种形式：
450×180×10，390×180×10，
320×180×10
不锈钢丝 ø3
不锈钢丝 ø1
不锈钢丝 ø1
不锈钢丝夹

不锈钢丝 ø1

正立面屏风

瓦片三种形式：
450×180×10，390×180×10，
320×180×10
不锈钢丝 ø3
不锈钢丝 ø1
不锈钢丝夹

地下一层入口屏风

为了向附近房子的茅草屋顶的纹理致敬，我用新烧制的黏土瓦片来反映该地区不同的颜色和粗糙度。这种方式实现了批量生产的产品永远无法实现的纹理。

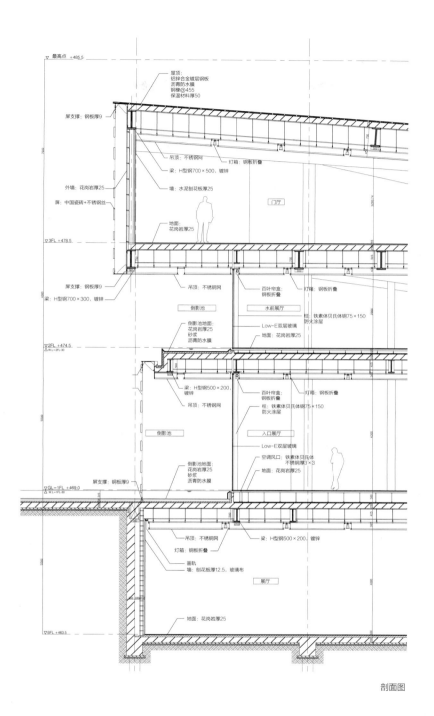

▽最高点 +485.5

屋顶:
铝锌合金镀层钢板
沥青防水膜
钢缘@455
保温材料厚50

屏支撑: 钢板厚9

吊顶: 不锈钢网

灯箱: 钢板折叠

梁: H型钢700×500, 镀锌

外墙: 花岗岩厚25

墙: 水泥刨花板厚25

屏: 中国瓷砖+不锈钢丝

门厅

地面:
花岗岩厚25

▽3FL +478.5

屏支撑: 钢板厚9

吊顶: 不锈钢网

百叶帘盒:
钢板折叠

灯箱: 钢板折叠

梁: H型钢700×300, 镀锌

倒影池

水前展厅

柱: 铁素体贝氏体钢75×150
防火涂层

Low-E双层玻璃

地面: 花岗岩厚25

▽2FL +474.5
△ W.L=2FL-30

倒影池地面:
花岗岩厚25
砂浆
沥青防水膜

梁: H型钢500×200,
镀锌

吊顶: 不锈钢网

百叶帘盒:
钢板折叠

灯箱: 钢板折叠

柱: 铁素体贝氏体钢75×150
防火涂层

倒影池

入口展厅

Low-E双层玻璃

空调风口: 铁素体贝氏体
不锈钢网3×3

地面: 花岗岩厚25

▽GL=1FL +469.0
△ W.L=1FL-30

屏支撑: 钢板厚9

倒影池地面:
花岗岩厚25
砂浆
沥青防水膜

吊顶: 不锈钢网

梁: H型钢500×200, 镀锌

灯箱: 钢板折叠

画轨

墙: 刨花板厚12.5, 玻璃布

展厅

地面: 花岗岩厚25

▽BFL +463.5

剖面图

左页图: 用直径3毫米的不锈钢丝悬挂瓦片的顶部。每块瓦片的四个角
都钻了一个孔,以便使用特殊的金属配件将瓦片固定在不锈钢丝上。

纸蛇

韩国安养

在这座永久性的当代艺术展览馆中，一种40毫米厚的轻薄面板——将牛皮纸夹在3毫米厚的玻璃钢面板之间制成——被用来创建一个螺旋结构，融入森林，穿过树林。面板的结构与蜂巢中的蜂窝结构相呼应，其结构从三明治式的构造中获得了强度。为了减少对森林的破坏，地基中没有使用混凝土，而是安装了直径为200毫米的塑料束，并用黏合剂将面板固定在塑料束的顶部。

薄面板形成了没有平行表面的非对称螺旋，这给了建筑由平行表面组成的普通隧道结构所无法达到的强度。日本折纸的一个基本原则是通过一张薄纸的折叠来创造力量，而这个项目清晰地展现了通过不同的折叠方法可以获得完全不同的力量。我对蜂巢结构的兴趣延续到了一项规模更大的工程上，即西班牙格拉纳达表演艺术中心。

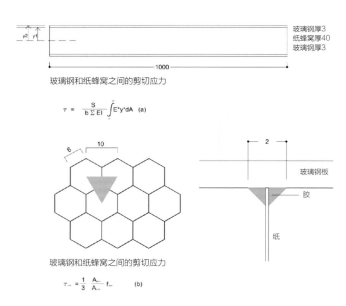

玻璃钢厚3
纸蜂窝厚40
玻璃钢厚3

1000

玻璃钢和纸蜂窝之间的剪切应力

$$\tau = \frac{S}{b \sum EI} \int_{y1}^{y2} E'y'dA \quad (a)$$

玻璃钢板

胶

纸

玻璃钢和纸蜂窝之间的剪切应力

$$\tau_{max} = \frac{1}{3} \frac{A_m}{A_n} f_{max} \quad (b)$$

右页图：我想设计出结构坚固，但又薄到足以让光线
通过的面板。为达到这种效果，最困难的任务就是找
到最好的黏合剂。

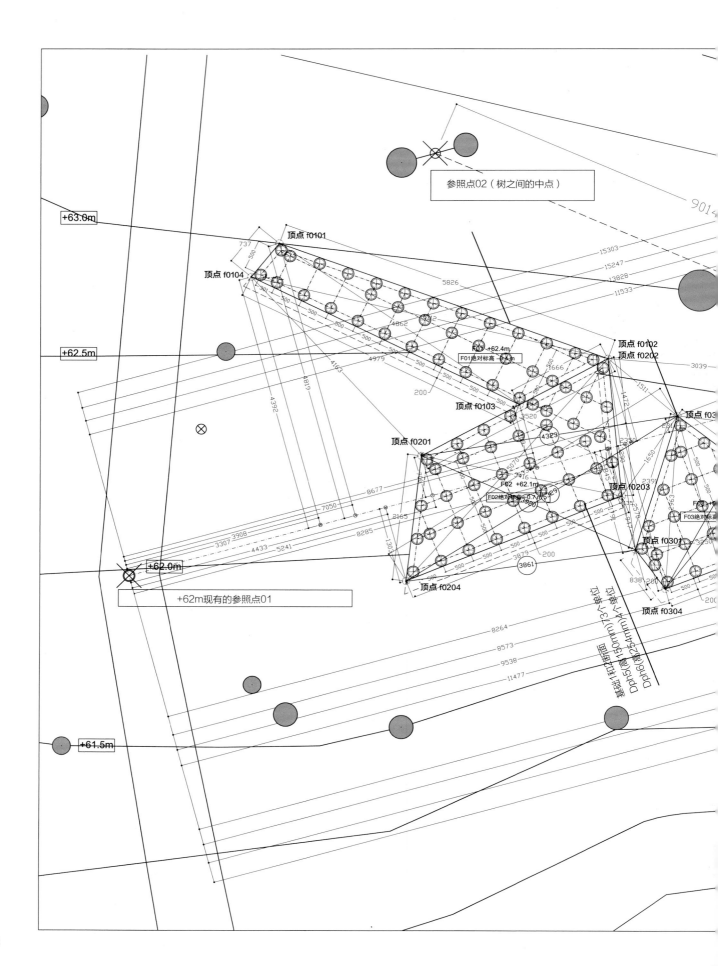

参照点02（树之间的中点）

+63.0m

+62.5m

+62.0m

+62m现有的参照点01

+61.5m

顶点 f0101
顶点 f0104
顶点 f0102
顶点 f0202
顶点 f0103
顶点 f0201
顶点 f0203
顶点 f0301
顶点 f0204
顶点 f0304

F01 +62.4m
F01绝对标高 +0.4m

F02 +62.1m
F02绝对标高 +0.7m

F03绝对标

9014

15303
15247
13828
11533
5826
5666
4862
4979
4163
4392
4819
8677
7050
8285
2165
3307 3908
4433 5241
8264
8573
9538
11477

292

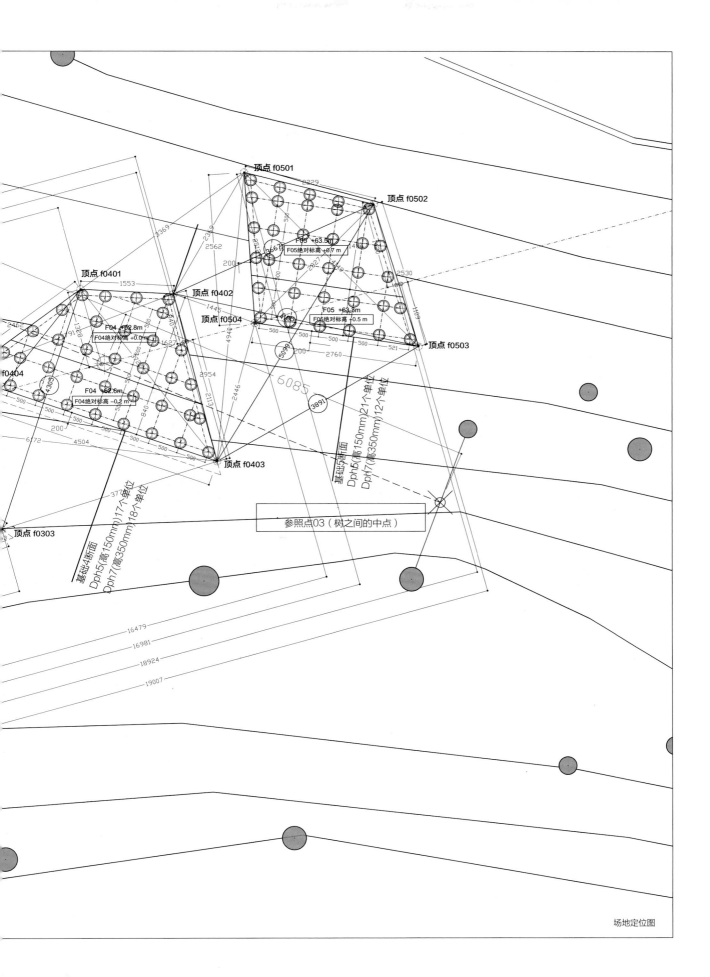

顶点 f0501

顶点 f0502

顶点 f0401

顶点 f0402

F04 +62.8m
F04绝对标高 +0.0 m

F05 +63.5m
F05绝对标高 +0.7 m

顶点 f0504

F05 +63.3m
F05绝对标高 +0.5 m

顶点 f0503

f0404

F04 +62.6m
F04绝对标高 −0.2 m

顶点 f0403

基础5断面
Dph5(高150mm)21个单位
Dph7(高350mm)12个单位

顶点 f0303

基础4断面
Dph5(高150mm)17个单位
Dph7(高350mm)18个单位

参照点03（树之间的中点）

场地定位图

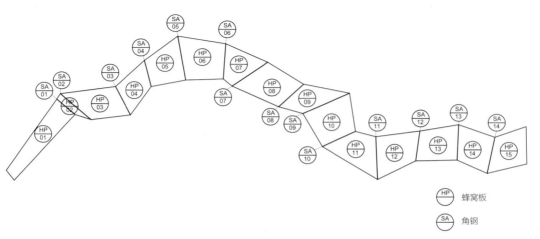

HP　蜂窝板

SA　角钢

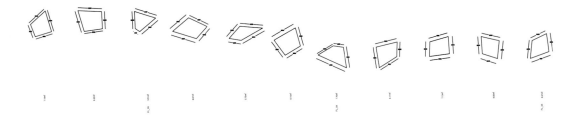

一系列蜂窝板被连接在一起，形成螺旋结构，蜿蜒穿过树林。

面板的表面互不平行，形成了某种桁架框架，这说明即使是薄的面板也
能形成坚固的结构。

地板、墙体和天花板都是由单一材料制成的，为游客营造出一种被织物
包裹的感觉。

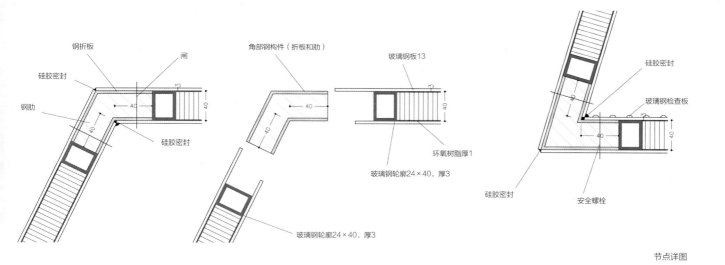

钢折板　　　角部钢构件（折板和肋）　　玻璃钢板13　　　　　硅胶密封

闸

硅胶密封

钢肋

40　　40

硅胶密封

玻璃钢轮廓24×40，厚3

环氧树脂厚1

玻璃钢轮廓24×40，厚3

硅胶密封

玻璃钢检查板

安全螺栓

节点详图

这个项目实施过程中的一个挑战是蜂窝板的平滑连接。如果连接件太厚，看起来就像是框架在支撑着结构。因此，我们设计出定制的钢构件，以保证建筑整体的轻盈。

音户町市民中心

日本广岛县吴市

　　这座公共建筑位于濑户内海的仓桥岛上，提供多种社区和市政功能。整个建筑覆盖着传统的本瓦（hongawara），屋檐的高度尽可能低，以便将三层楼的建筑融入平和的瓦屋顶城市景观中。屋檐太高的屋顶在这种环境下会看起来令人不快。

　　这些瓦和钢框架结合在一起，在屋顶上创造出可以让光线进去的百叶窗——一个过滤器，把阴影投射到下面的社区广场上。在中国和一些西方地区，凸瓦和凹瓦交替铺设。而在日本江户时代（1603—1868年）发明了一种具有特殊截面的栈瓦（sangawara），人们可以只用一种瓦来建造高度防水的屋顶。但这种瓦在屋顶表面形成的阴影比本瓦的阴影要弱。因此，栈瓦的应用使得日本屋顶的外观变得单调。在这座小岛上的一个古老的村庄里，有许多带有本瓦的房子，我为这个项目设计了屋顶的细节，希望能恢复使用这种屋顶瓦的做法。

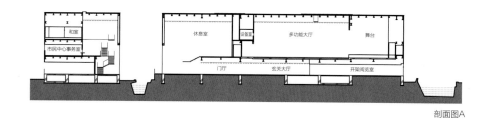

剖面图A

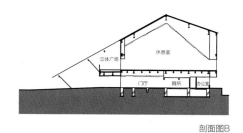

剖面图B

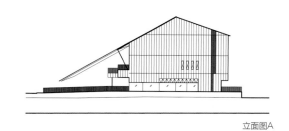

立面图A

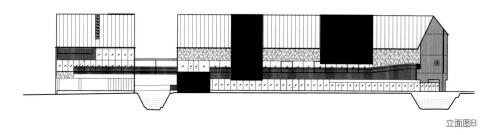

立面图B

左页图：建筑分为两个体块，它们中间有一条运河。
空隙起到了光和风的通道的作用，把陆地和海洋结合
在一起。

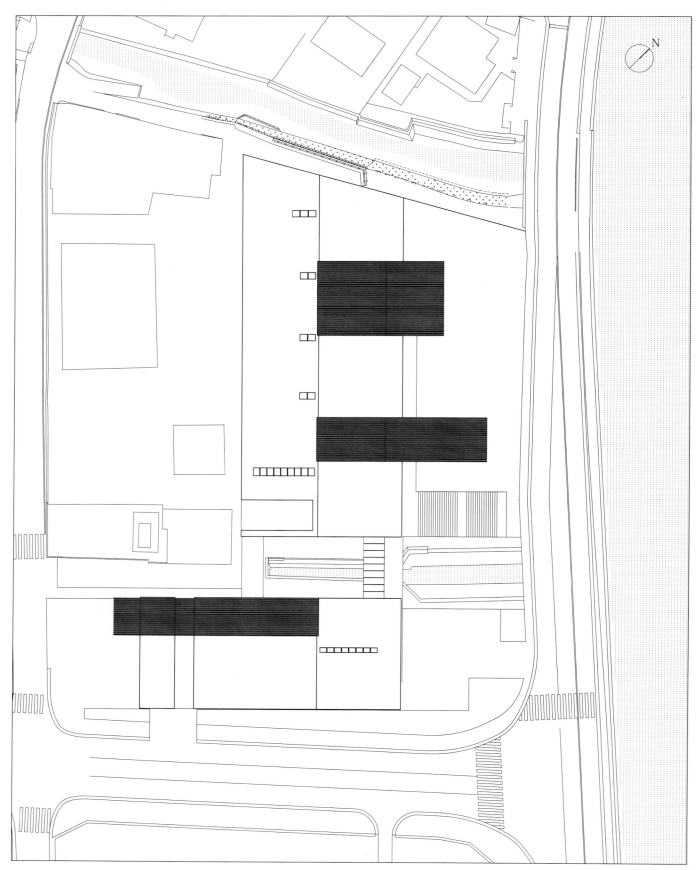

总平面图

屋顶上的瓦片百叶可以让光线落在地板上，当屋顶向下伸向大海时，它会显著降低，从而减弱了建筑的纪念性。屋顶下户外空间，利用了该地区的强烈阳光，体现了光与影的融合。

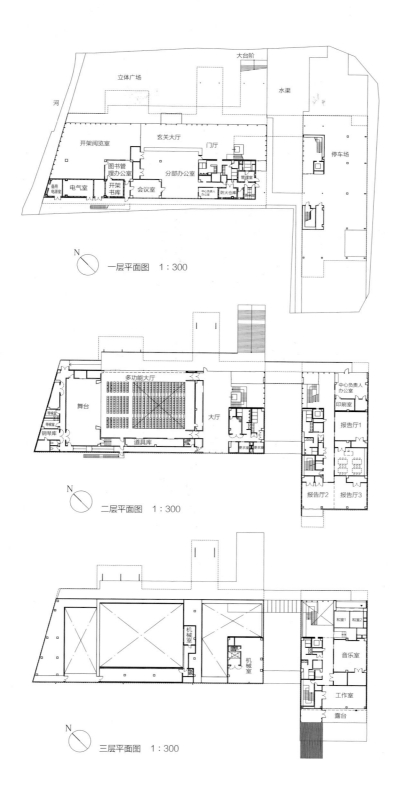

当地社区的各种功能场所——图书馆、城镇管理中心、体育设施和办公室——都聚集在大屋顶下。

屋顶百叶由圆瓦（maru gawara）组成，用钉和人造树脂胶合板固定在钢架上。

传统瓦片和钢屋顶的结合，赋予建筑以人性化的尺度。

根津美术馆

日本东京港区

　　根津美术馆位于东京主要时尚街表参道南端，致力于远东艺术传播。在其建造过程中出现了一个问题，那就是如何减少来自街道的喧闹，创造一处宁静的空间。通过借鉴露地（roji）的传统技术，包括利用方向突变和屋檐悬挑下阴影效果实现的空间过渡，在城市和美术馆之间建立了一种温和的联系。

　　欧洲建筑和花园的核心是沿轴线展开的平面。然而，在日本建筑中，为了创造不同的视角而突然改变方向，对于园林和建筑设计至关重要。特别是，人们需要通过露地从日常空间过渡到充满张力的特殊空间。方向变换被多次使用，但这种过渡必须仅在日本花园的某一部分中实现，而这一部分通常都较小。地板饰面或种植也会随着每次变换而改变，以强调空间的不同特征。

　　建筑南侧的柱子面向花园，由实心钢制成，只承受垂直荷载。通过这种方式，我以当代的方法再建了非常具有日本传统建筑特色的花园和室内的融合体。放在大开口前面的艺术品是背光的，辅以光纤照明。在这里，传统形式（花园和室内的融合）也与现代技术相结合。

建筑外部衬有32毫米厚的钢板，钢板的间隙为100毫米，非常规则。
间隙的宽度很重要，因为太窄的间隙会使整个结构显得过于压抑。

东立面图

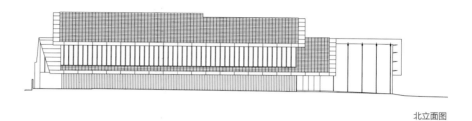

北立面图

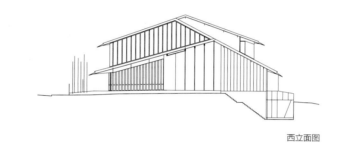

西立面图

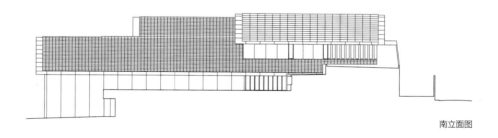

南立面图

屋顶端部采用经过特殊处理的钢板，减轻了瓦的重量。这种屋顶方法
（koshi buki）在日本建筑数寄屋中很常见。

N

总平面图

为了实现室内外的无缝连接，面向花园的建筑立面由实心钢柱支撑，面向道路的混凝土墙则可以提供抗震性。

因为日本花园里的咖啡馆只在白天开放，所以不需要人工照明系统。自然光穿过白色的薄膜，从屋顶倾泻而入。

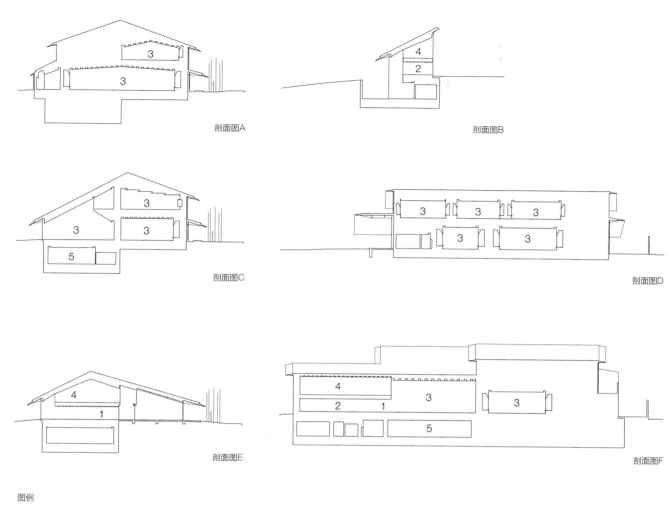

剖面图A

剖面图B

剖面图C

剖面图D

剖面图E

剖面图F

图例

1.接待
2.购物
3.展廊
4.问询处
5.演讲厅

屋檐的低边缘在创造建筑与其周围环境之间的连接中起着至关重要的作用。沿街立面设计时考虑到了这一点，采用了双层屋顶。

该建筑的入口位于屋檐下，屋檐向外出挑3米，为游客提供了一个在热闹的表参道和安静沉稳的美术馆之间的过渡空间。

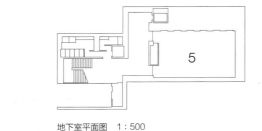

地下室平面图　1：500

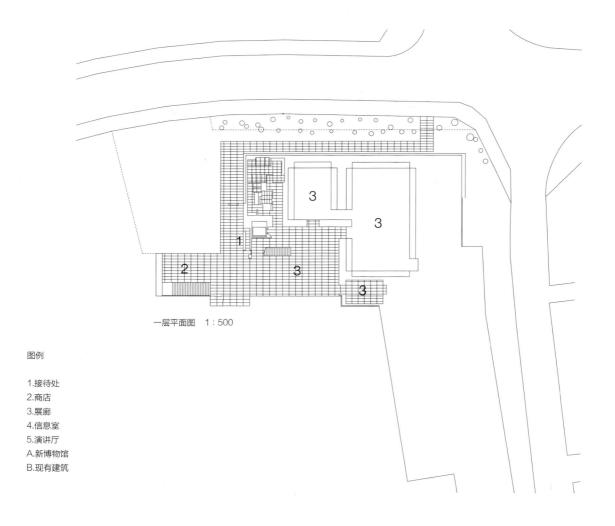

一层平面图　1：500

图例

1.接待处
2.商店
3.展廊
4.信息室
5.演讲厅
A.新博物馆
B.现有建筑

要进入建筑，游客必须在入口处转三次弯。在日本建筑中，特别是茶馆中，频繁的方向变化与剧院的布景变化具有相同的作用。

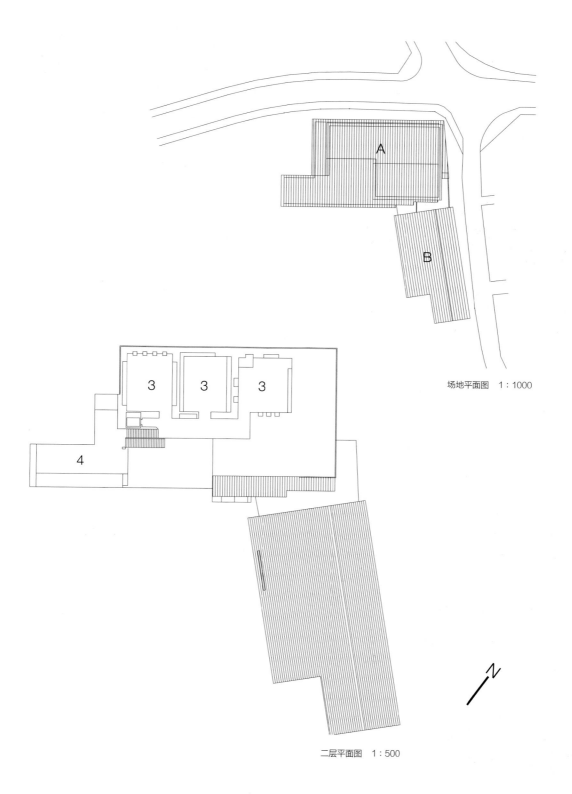

场地平面图　1：1000

二层平面图　1：500

卡萨尔格兰德陶瓷之云

意大利雷焦艾米利亚省卡萨尔格兰德

大多数纪念碑都是用"瓷砖"或"石头"这些材料贴面的混凝土结构。20世纪的纪念碑建筑基本都遵循了这一规则。本项目的目标是通过将直径为20毫米的钢管和瓷砖结合在一起，创造一个透明的结构。这座纪念碑矗立在卡萨尔格兰德-帕达纳（Casalgrande Padana）陶瓷公司的地面上，最初是作为一条直线出现的，当人们走近时，它逐渐变成一个平面。

因为云是粒子的集合，所以当观察方向和太阳角度不同时，云的外观也不同。因此，我选择将效仿这种现象的结构称为"云"。白色被选为建筑物的颜色，因为它是光和影的画布，而且白色瓷砖对光和影特别敏感。日本建筑有使用白色材料的传统。例如，障子屏风使用白色和纸，内墙和外墙都使用白色灰泥。建筑不是一个确定的客体，而是作为一个传感器反应不断变化的自然现象，这一理念是日本传统所特有的。

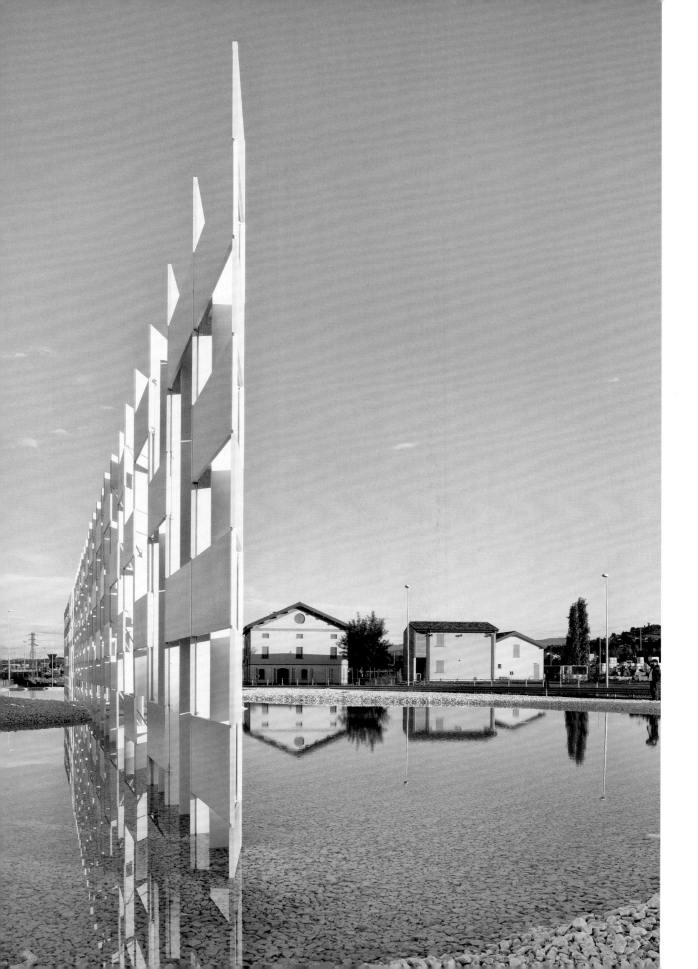

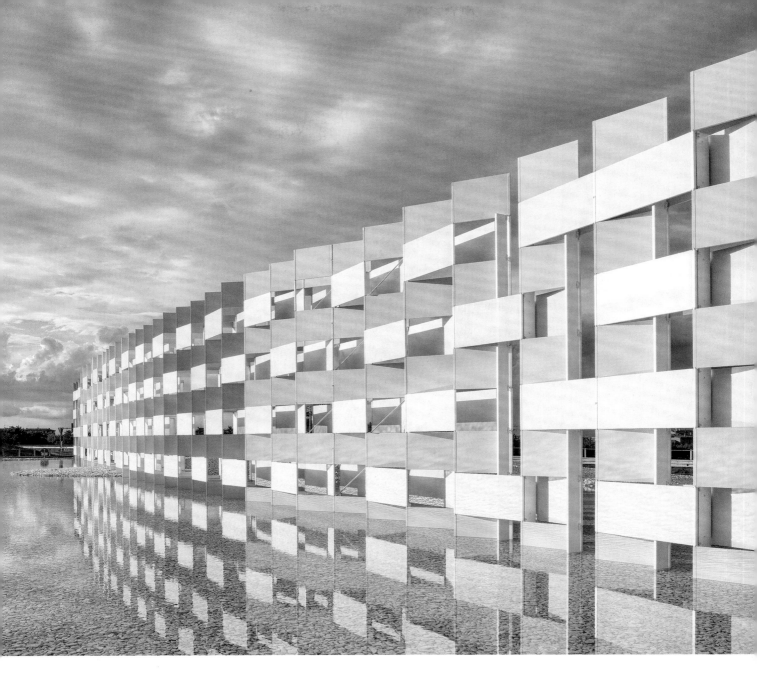

当从不同的透视方向观察和从不同的角度接近时，建
筑似乎发生了变化，就好像它是一个现象学的存在。

马里奥·南宁（Mario Nanni）的灯光设计强化了设计的现象学特征。
随着时间的推移和光线的变化，建筑完全改变，某一瞬间呈现为粒子的
组合，下一瞬间呈现为单一的体积。

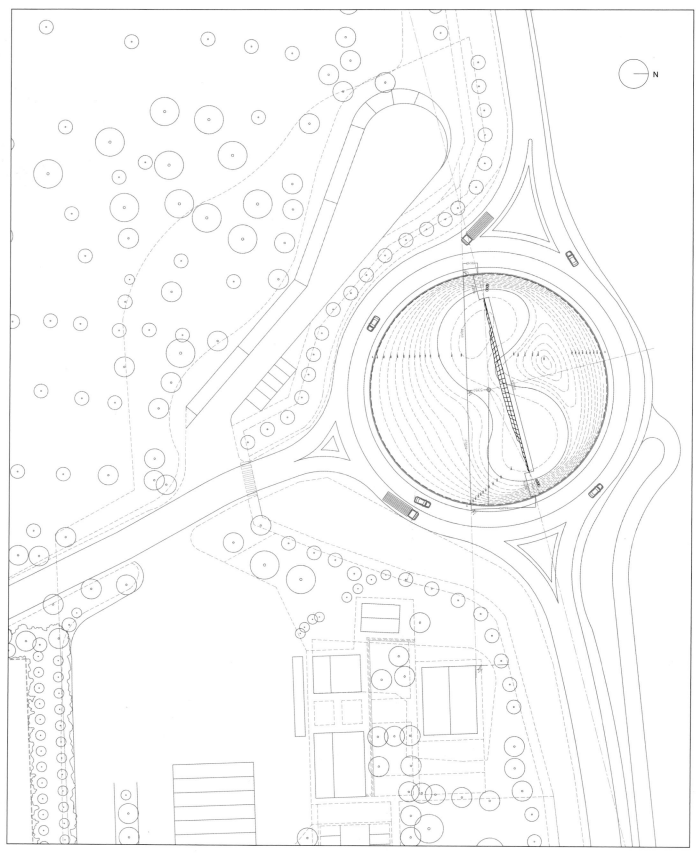

总平面图

这座建筑是一种编织物，以钢管作为垂直线，卡萨尔格兰德－帕达纳生产的瓷砖作为水平线。通常用作装饰材料的瓷砖，在这里被用作结构构件。

中国美术学院民俗艺术博物馆

中国杭州

中国美术学院的这座博物馆建在一片旧茶园上,建设目标是创造一个游客可以在里面感受到其下方土地的空间。这一目标通过将地板沿山坡倾斜得以实现。为了适应复杂的地形,建筑设计采用了一个几何划分所形成的平行四边形单元系统。在每个单元的顶部放置一个小屋顶,营造出一种类似村庄的感觉。大多数人对博物馆的印象是一个方形的混凝土盒子,但我们想建造一个人性化的能融入周围环境的博物馆。例如,由弗兰克·劳埃德·赖特设计的纽约古根海姆博物馆(Guggenheim Museum)的地面,是一个人工创建的连续斜坡,而这里的地面是一个尊重自然地形的自然斜坡。

外墙覆盖着由不锈钢丝悬吊的瓦片制成的屏风,这有助于控制进入建筑物的日光量。旧房子的瓦片具有丰富的纹理,这是现代工厂生产的瓦片所缺乏的,因此这些瓦片被用于屋顶和屏风。尺寸的变化也有助于建筑物与大地相融合。旧材料与当代技术的结合,代表了传统与现代碰撞出的新形式。

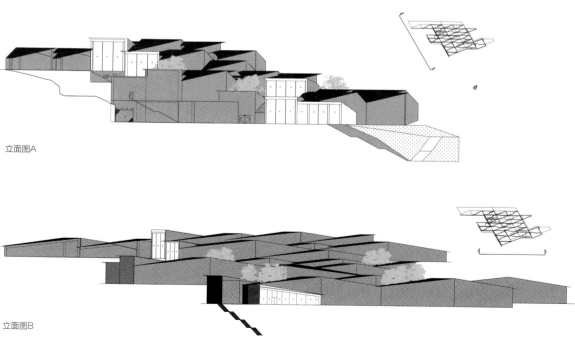

立面图A

立面图B

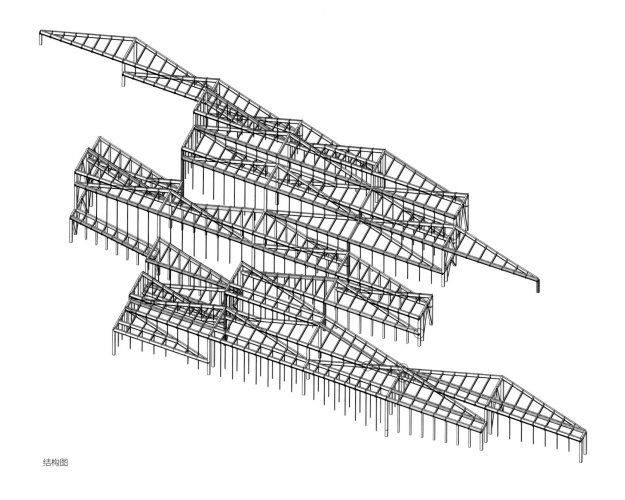

结构图

左页图：先前茶园的缓坡被尽可能地保留下来，建筑被设计成一系列平行四边形，以帮助它与周围环境融为一体。

为了控制进入建筑物的日光量，旧的屋顶瓦片由不锈钢丝连接，形成一道屏风。通过改变瓦片边缘的位置，使墙体的外观更加柔和。

维多利亚和阿尔伯特博物馆·邓迪分馆

英国苏格兰邓迪

　　我们的目标是创建一个博物馆，将苏格兰城市邓迪与泰河连接起来，并使其成为设计方案和社区之间的一座桥梁。曾经遍布仓库的滨水地区将进行大规模的重新开发，以将城市中心与大自然重新连接起来。届时，该博物馆将成为连接城市中轴线（联合街）与河流的门户。

　　"RRS发现号"停泊在场地旁边，曾经由探索南极的探险家斯科特担任船长。它所处的轴线，即联合街的轴线是通过逐渐交错的层层铸石板来协调的，形成了建筑的有机形状；在建筑内部，以同样的方法通过使用橡木板来创造一种温暖的感觉。通过层层交错的面板，可以避免垂直墙给人留下令人生畏的印象，同时创造出一种类似于漂浮在河上的大船形式。这座博物馆不像大多数建筑那样从河边后退，而是伸出去架在河上，在建筑和水之间不断地生成对话。这座建筑不是作为一个盒子设计的，而是作为一种新的景观设计的。

　　立面铸石板呈三角形横截面，叠放在一起，每层之间留有空隙，赋予建筑有机的外观，让人联想到苏格兰海岸线崎岖的悬崖。建筑内部的横截面，由交错的面板构成，像一个山谷。新博物馆不仅是一个展示设计的空间，还将是一个社区广场，能够容纳各种活动。

建筑物位于邓迪联合街的延长线上。通往泰河沿岸的步行道穿过了建筑
中央的"洞"。而这座博物馆如同一道连接城市与河流的门户。

在建筑内部，橡木板被用来代替铸石板，以创造一种更温暖、更亲密的
感觉。通过交错的面板，使建筑内部感觉不那么冷酷，更像船的内部。

项目表

水 / 玻璃（第29页）

日本静冈县热海，1995年

设计：隈研吾建筑都市设计事务所

结构工程师：中田胜雄及合伙人事务所

场地面积：1281平方米

占地面积：568.89平方米

总建筑面积：1125平方米

用途：宾馆

河 / 过滤器（第41页）

日本福岛县玉川，1996年

设计：隈研吾建筑都市设计事务所

结构工程师：青木结构工程事务所

场地面积：1961平方米

占地面积：768.83平方米

总建筑面积：925.31平方米

用途：餐厅

北上运河博物馆（第51页）

日本宫城县石卷，1999年

设计：隈研吾建筑都市设计事务所

结构工程师：青木结构工程事务所

场地面积：1884平方米

占地面积：523.44平方米

总建筑面积：613.07平方米

用途：博物馆

森林 / 地板（第63页）

日本东部，2003年

设计：隈研吾建筑都市设计事务所

结构工程师：Makino结构设计事务所

场地面积：897平方米

占地面积：138.28平方米

总建筑面积：123平方米

用途：度假屋

Z58（第73页）

中国上海，2006年

设计：隈研吾建筑都市设计事务所

结构工程师：陈科（Chen ke）

场地面积：961平方米

占地面积：860.80+90.48平方米

总建筑面积：3159平方米

用途：办公室、陈列室

玻璃 / 木（第85页）

美国康涅狄格州新迦南，2010年

设计：隈研吾建筑都市设计事务所

结构工程师：橡木结构设计事务所，
　　　　　　迪·萨沃·埃里克森集团

场地面积：10 000平方米

占地面积：600平方米

总建筑面积：830平方米

用途：私人住宅

森林中的能剧舞台（第93页）

日本宫城县登米，1996年

设计：隈研吾建筑都市设计事务所

结构工程师：青木结构工程事务所

场地面积：1700平方米

占地面积：537.06平方米

总建筑面积：498平方米

用途：能剧舞台

长城脚下的竹屋（第105页）

中国北京，2002年

设计：隈研吾建筑都市设计事务所

结构工程师：中田胜雄及合伙人事务所

场地面积：528.25平方米

占地面积：719.18平方米

总建筑面积：1931平方米

用途：别墅

那珂川町马头广重美术馆（第117页）

日本栃木县那须，2000年

设计：隈研吾建筑都市设计事务所

结构工程师：青木结构工程事务所

场地面积：5586.84平方米

占地面积：2188.65平方米

总建筑面积：1962.43平方米

用途：博物馆

高柳社区中心（第129页）

日本新潟县柏崎，2000年

设计：隈研吾建筑都市设计事务所

结构工程师：中田胜雄及合伙人事务所

占地面积：86.71平方米

总建筑面积：87.88平方米

用途：聚会厅

银山温泉浴室（第141页）

日本山形县尾花泽，2001年

设计：隈研吾建筑都市设计事务所

结构工程师：青木结构工程事务所

场地面积：63.24平方米

占地面积：37.48平方米

总建筑面积：71.53平方米

用途：公共浴室

银山温泉藤屋旅馆（第153页）

日本山形县尾花泽，2006年

设计：隈研吾建筑都市设计事务所

结构工程师：中田胜雄及合伙人事务所

场地面积：558.13平方米

占地面积：366.09平方米

总建筑面积：927.99平方米

用途：日式酒店

音户町市民中心（第301页）

日本广岛县吴市，2007年

设计：隈研吾建筑都市设计事务所

结构工程师：橡木结构设计事务所

场地面积：4424.39平方米

占地面积：2581.08平方米

总建筑面积：4642.9平方米

用途：市政厅、社区中心、多功能厅

根津美术馆（第311页）

日本东京港区，2009年

设计：隈研吾建筑都市设计事务所

结构工程师：清水公司

场地面积：15 372.33平方米

占地面积：1947.49平方米

总建筑面积：4014.08平方米

用途：博物馆

卡萨尔格兰德陶瓷之云（第323页）

意大利雷焦艾米利亚省卡萨尔格兰德，
2010年

设计：隈研吾建筑都市设计事务所

结构工程师：EJIRI结构工程师事务所

场地面积：2697平方米

用途：纪念建筑

中国美术学院民俗艺术博物馆（第331页）

中国杭州，2015年

设计：隈研吾建筑都市设计事务所

结构工程师：小西泰孝建筑构造设计

场地面积：11 279平方米

总建筑面积：4970平方米

用途：博物馆、会议厅

**维多利亚和阿尔伯特博物馆·邓迪分馆
（第337页）**

英国苏格兰邓迪，2018年

设计：隈研吾建筑都市设计事务所

交付建筑师：PiM.studio建筑师事务所

执行建筑师：James F.Stephen建筑师
　　　　　　事务所

结构工程师：奥雅纳

场地面积：11 600平方米

总建筑面积：8445平方米

用途：博物馆

时间顺序排列的项目表

的小浴室
静冈县热海，1988年

-M
群马县前桥，1989年
室，工厂

ic
东京，1991年
设施

东京，1991年
设施，殡仪馆

ton度假酒店
蜜月岛，1991年
村综合体

stic
东京，1991年
住宅

ojo高尔夫俱乐部
冈山，1992年
夫俱乐部

山气象台
爱媛县今治，1994年
台

福冈，1994年

梼原町游客中心
日本高知县高冈梼原町，1994年
食品供应设施、当地社区中心

水／玻璃（第29页）
日本静冈县热海，1995年
日式酒店

日本博览馆空间设计
意大利威尼斯双年展，1995年
亭阁

玻璃／阴影
日本群马县富冈Lakewood高尔
夫俱乐部，1996年
会所

森林中的能剧舞台（第93页）
日本宫城县登米1996年
表演舞台

河／过滤器（第41页）
日本福岛县玉川，1996年
餐厅

淡路服务区
日本兵库县淡路岛，1998年
高速公路休息区

北上运河博物馆（第51页）
日本宫城市石卷，1999年
博物馆，隧道净化设施

木／板条
日本神奈川县叶山，1999年
招待所

那珂川町马头广重美术馆
（第117页）
日本栃木县那须，2000年
博物馆

幕张集合住宅
日本千叶县幕张，2000年
公寓

那须历史博物馆
日本栃木县那须，2000年
博物馆

作新学院
日本栃木县宇都宫，2000年
大学

石头博物馆
日本栃木县那须，2000年
博物馆

高柳社区中心（第129页）
日本新潟县柏崎，2000年
会议设施

防灾科技学院
日本茨城县取手，2001年
会议设施

银山温泉浴室（第141页）
日本山形县尾花泽，2001年
公共浴室

高崎停车楼
日本群马县高崎，2001年
停车设施

海／过滤器
日本山口县山阳小野田，2001年
餐厅

ADK松竹广场
日本东京，2002年
办公室、公寓、零售

木佛博物馆（第267页）
日本山口县下关，2002年
寺庙

长城脚下的竹屋（第105页）
中国北京，2002年
别墅

塑料屋
日本东京，2002年
私人住宅

梅窗院（Baisoin Temple）
日本东京，2003年
寺庙、公寓

森林／地板（第63页）
日本东部，2003年
度假屋

蓬莱温泉浴场
日本静冈县热海，2003年
公共浴室扩建

JR涩谷站
日本东京，2003年
立面装修

城堡

利维罗纳石材展

armomacc），

利维罗纳，2007年

东京，2007年

住宅

利美术馆

东京，2007年

馆

法兰克福，2007年

C区块项目

福冈，2007年

府办公综合楼

块

设计奖，

利米兰，2007年

n East

，2007年

鲤鱼

azzo della Ragione，

利帕多瓦，2007—2008年

朝日广播公司

日本大阪，2008年

广播电台

CASA雨伞

米兰三年会展中心，

意大利米兰，2008年

紧急避难所

宝积寺站

日本栃木县高根泽，2008年

通道、火车站

寿月堂餐厅

法国巴黎，2008年

茶馆

瑜舍(The Opposite House)

中国北京，2008年

精品酒店

虎杖

日本富山Takaokai，2008年

展示家具

开花亭别馆草庵

日本福井，2008年

餐厅

三里屯Village

中国北京，2008年

零售、多功能活动厅

资生堂京都造型艺术大学

日本京都，2008年

大学

银座蒂芙尼

（Tiffany Ginza）

日本东京，2008年

零售、办公室

水砖屋

（Water Branch House）

现代艺术博物馆，

美国纽约州纽约市，2008年

布展

木材／Berg

日本东部，2008年

住宅

茶茶月亮（Cha Cha Moon）

英国伦敦，2009年

餐厅

Con／纤维

日本东京，2009年

布展

长崎花园露台

日本长崎，2009年

酒店

Lucien Pellat-Finet

心斋桥店

日本大阪，2009年

零售、咖啡馆

金山城堡遗址博物馆

金山社区中心

日本群马县Ota，2009年

博物馆、办公室

根津美术馆（第311页）

日本东京，2009年

美术馆

下关市川棚温泉交流中心

日本山口，2009年

博物馆

玉川高岛屋购物中心

日本东京，2009年

商业设施

空气砖

上海美术馆，

中国上海，2010年

临时展览建筑

赤城神社和神乐坂Park Court

日本东京，2010年

神殿、公寓

竹／纤维

日本，2010年

私人住宅

卡萨尔格兰德陶瓷之云

（第323页）

意大利雷焦艾米利亚省卡萨尔格

兰德，2010年

纪念建筑

陶瓷阴阳

移动沙龙，

意大利米兰，2010年

布展

GC齿科博物馆研究中心
（第185页）

日本爱知县春日井，2010年
博物馆、研究中心

玻璃／木（第85页）

美国康涅狄格州新迦南，2010
年
私人住宅

安藤百福户外训练中心

日本长野县小诸，2010年
户外训练中心

三里屯Soho

中国北京，2010年
零售、办公、住宅

上海上下

中国上海，2010年
零售业

Shato Hanten

日本大阪，2010年
中餐厅

石屋顶

日本长野，2010年
别墅

Sysla-Mademoiselle
BIO总部

法国巴黎，2010年
办公室

玉川高岛屋S·C

日本东京，2010年
百货公司

梼原町市场（第197页）

日本高知县高冈梼原町，2010年
酒店、市场

梼原町木桥博物馆（第209页）

日本高知县高冈梼原町，2010年
博物馆

巴马乐活咖啡馆

日本东京，2011年
餐厅

气泡垫

渡江双年展（Dojima River
Biennale），
日本大阪，2011年
布展

积木咖啡馆

日本富山，2011年
餐厅

卡萨尔格兰德老屋设计

意大利雷焦艾米利亚省卡萨尔格
兰德，2011年
画廊活动厅

绿色铸件

日本神奈川县小田原，2011年
建筑群

京都国际饭店

日本京都，2011年
餐厅

梅穆牧场
（Memu Meadows）

日本北海道，2011年
实验住宅

网格／地球

日本东京，2011年
层台住宅（Terrace house）

星巴克咖啡太宰府天满宫表
参道店

日本福冈，2011年
咖啡店

知博物馆（第277页）

中国成都，2011年
博物馆

帝京大学小学

日本东京，2012年
小学

浅草文化旅游咨询服务中心

日本东京，2012年
旅游信息中心、办公室、画廊、
咖啡厅

长冈市政厅

日本新潟县长冈，2012年
市政厅、会议厅、商店和餐馆、
银行、屋顶广场、车库

水／樱桃

日本东部，2012年
私人住宅

向森林倾斜

日本东部，2012年
别墅

北京上下

中国北京，2012年
商店

One Niseko

日本北海道，2012年
酒店

宫崎花园露台

日本宫崎，2012年
酒店

马赛FRAC

法国马赛，2012年
博物馆、会议室、文件中
房、咖啡厅

贝桑松艺术中心和音乐之

法国贝桑松，2012年
艺术中心

济州Ball

韩国济州，2012年
别墅、酒店

PC花园

日本东部，2013年
私人住宅

太阳丘幼儿园

日本石川，2013年
托儿所

芸文馆博物馆（主楼）
福冈，2013年
中心、咖啡厅、公园

山丘
东京，2013年
业

巴巴集团"淘宝城"
杭州，2013年
室、食堂、健身房、礼堂、厅

到森林
东部，2013年

斯·米约音乐学院
普罗旺斯的艾克斯，2013年
学院和礼堂

堂
ugetsudo Kabukiza）
东京，2013年
馆

un*Shoku Lounge by
runavi
大阪，2013年
关系空间信息亭

上下
巴黎，2013年
业

两口屋是清
日本爱知县名古屋，2013年
零售业

Kitte丸之内店
日本东京，2013年
零售和活动空间

石之图景
意大利博洛尼亚，2013年
陈列室

自然图景
意大利米兰，2013年
陈列室

大和普适计算研究楼
日本东京，2014年
大学设施、画廊、大厅

叶山之森（Hayama No Mori）
日本神奈川，2014年
托儿所、日托中心

长崎花园露台皇家酒店
日本长崎，2014年
酒店、餐厅

la kagu
日本东京，2014年
零售业

麦当劳教育和体育综合体
法国巴黎，2014年
公共设施综合设施-初中，高中，
体育中心（武术，舞蹈，健身
房），住房，门卫设施

北京茶馆
中国北京，2014年
茶室、会所、展馆

茅乃舍（Kayanoya）
日本东京，2014年
零售业

看步（蒙特拿破仑大街店）
（Camper Monte
Napoleone）
意大利米兰，2014年
零售业

Cartujano Faubourg
Saint-Honoré
法国巴黎，2014年
零售业

凡·高展览
意大利米兰，2014年
展示

Tetchan
日本东京，2014年
餐厅

"上下"品牌上海旗舰店
中国上海，2014年
零售业

无锡万科
中国无锡，2014年
美术馆、办公室、商业

Naver Connect One
韩国春川，2014年
培训学院

Towada城市广场
日本青森，2015年
社交广场

大久保动物医院
日本群马县高崎，2015年
动物医院

梅田医院
日本山口，2015年
医院

光（Hikari）
法国里昂，2015年
城市设计

丰岛区政府办公楼与集合住宅
日本东京，2015年
混合用途建筑（住宅、事务所、
店铺、政府办公）

富山综合体
日本富山，2015年
混合用途建筑（玻璃艺术
博物馆、城市图书馆、银行）

中国美术学院民俗艺术博物馆
（第331页）
中国杭州，2015年
博物馆、会议厅

昆虫屋（Mushizuka）

日本神奈川，2015年

纪念建筑

京王高尾山口站

日本东京，2015年

火车站

小松精练纤维研究所
（第221页）

日本石川县，2015年

办公、展览空间

饭山文化大厅

日本长野，2015年

大厅、咖啡厅

Sogokagu家具展示中心

日本三重，2015年

工厂

瓦尔斯温泉酒店

瑞士瓦尔斯，2015年

酒店套房

Nacrée

日本宫城，2015年

餐厅

虹口Soho

中国上海，2015年

办公室

Pigment画具研究室

日本东京，2015年

商店，画廊

云峰山温泉度假村

中国云南腾冲，2016年

度假村

勃朗峰大本营

法国莱苏什，2016年

办公室、酒店和水疗度假村

住箱（Jyubako）

日本，2016年

移动式住箱

爱德幼儿园

日本埼玉，2016年

托儿所和幼儿园

水／石

日本东部，2016年

招待所

在一个屋顶下（第227页）

瑞士洛桑，2016年

大学校园

诺华上海校区

中国上海，2016年

多功能建筑

岩国市獭祭店

日本山口，2016年

商店、办公室

温哥华空中茶室

加拿大不列颠哥伦比亚省温哥
华，2016年

茶馆

筑地KY大厦

日本东京，2016年

办公室

北京前门四合院改造

中国北京，2016年

咖啡厅、办公室

Shizuku by Chef Naoko

美国俄勒冈州波特兰，2016年

餐厅

屋顶／鸟

日本长野，2016年

别墅

ONE@Tokyo

日本东京，2017年

酒店、餐厅

圣保罗日本屋（第235页）

巴西圣保罗，2017年

多媒体空间

东洋大学创新与设计信息网
络系INIAD HUB-1

日本东京，2017年

大学

波特兰日本花园

美国俄勒冈州波特兰，2017年

文化村

成城木下医院
（Seijo Kinoshita Hospital）

日本东京，2017年

医院

南三陆町Sun Sun购物村

日本宫城，2017年

零售业

成田康复医院

日本千叶，2017年

医院

台北白石画廊

中国台湾台北，2017年

画廊

维多利亚和阿尔伯特博物
馆·邓迪分馆（第337页）

英国苏格兰邓迪，2018年

博物馆、学习工作室、商店
啡厅、餐厅

致谢

工匠是真正创造我的建筑的人。可以说，没有他们，这本书是不可能存在的。尤其是，我在日本东北部地区设计的一组建筑是这本书的核心，我非常感激该地区的工匠们。如果没有他们的坚韧、专注和完整，我的建筑很可能不会被实现，这本书也不会存在。当我想起2011年3月11日那场巨大的地震和海啸给他们带来的困难时，我十分痛心。我真诚地希望这些对日本来说十分珍贵的工匠们能尽快康复。如果没有给工匠和我之间创造合作机会的人，这本书也不会存在。

我要对那些耐心、开放地看着这些工程的实现的客户表示感谢，这些工程比普通建筑花费了更多的时间和精力。如果没有肯尼思·弗兰姆普敦教授，这本书也不会存在，他写了一篇精辟的文章，抓住了这本作品集的精髓。那是因为，如果不是1985年我第一次听他的讲座，并接触到他强有力的、无可挑剔的论证，那么这些作品就永远不会出现。

最后，我非常感谢泰晤士和哈德逊出版社的卢卡斯·迪特里希（Lucas Dietrich）和伊莱恩·麦卡平（Elain McAlpine），他们给了我宝贵的建议。我还要感谢我办公室的稻叶真理子（Mariko Inaba），她负责管理从整理大量材料到维护复杂的海外通信的所有事务。

图片制作人